ココロとカラダに効く ハーブ便利帳

家庭保健
天然藥草手帖

超過100種舒緩身心需求的日常保健，潔顏保養、敷劑、保健飲、料理，

照護全家健康生活的實用事典

花草治療師 **真木文繪** 著　千葉大學榮譽教授 **池上文雄** 監修　**婁愛蓮** 譯

目錄 Contents

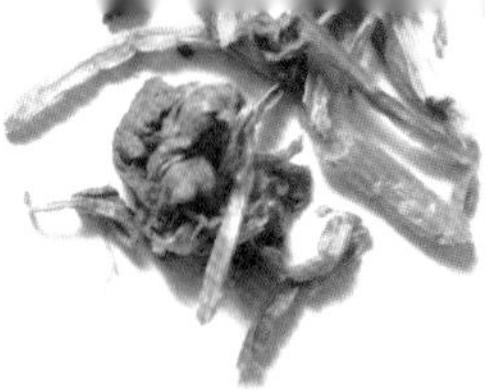
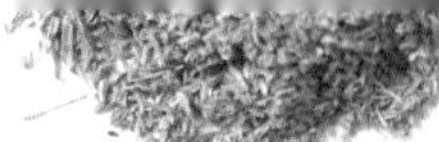
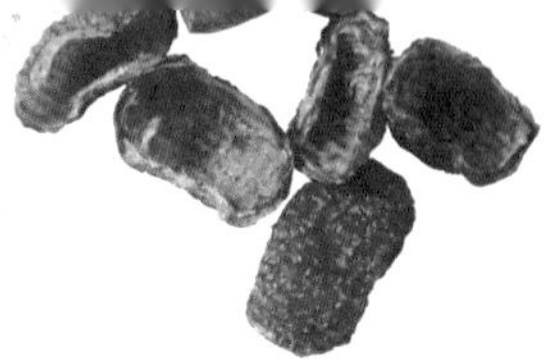
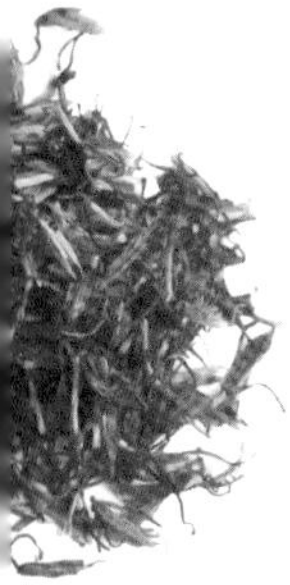

Part3 庭院裡的能量植栽

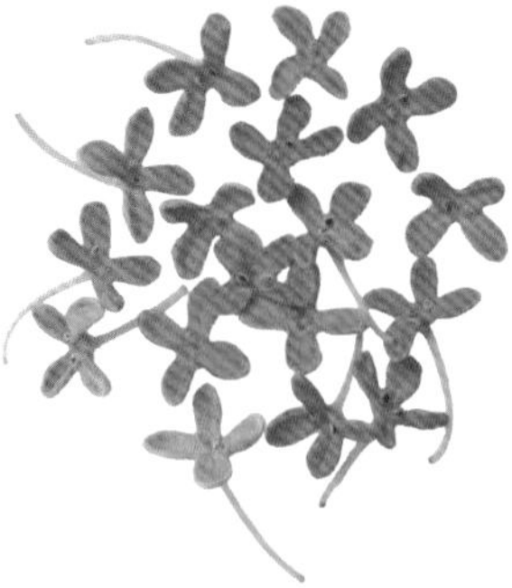

Part4 山野常見日本花草

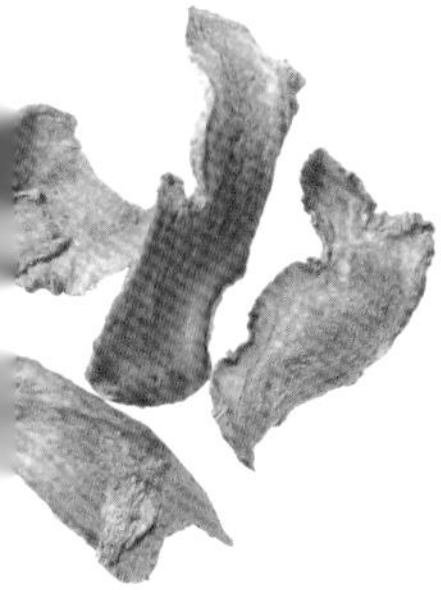
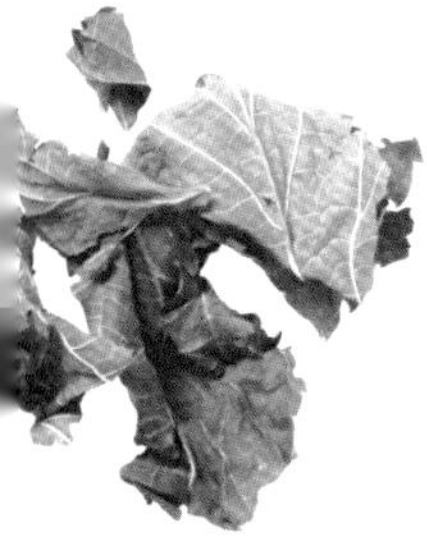
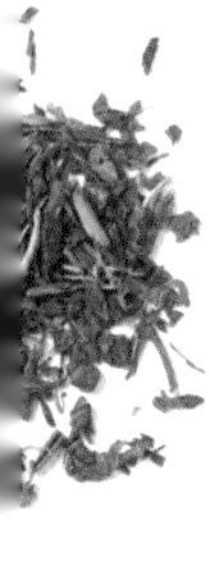
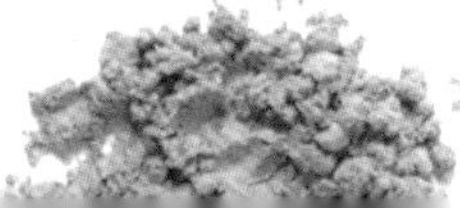
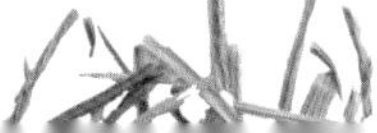
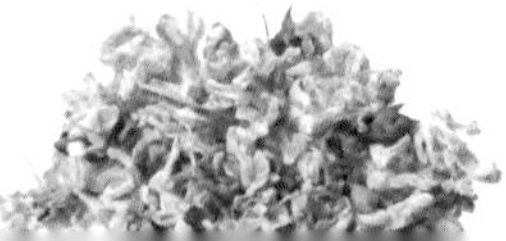

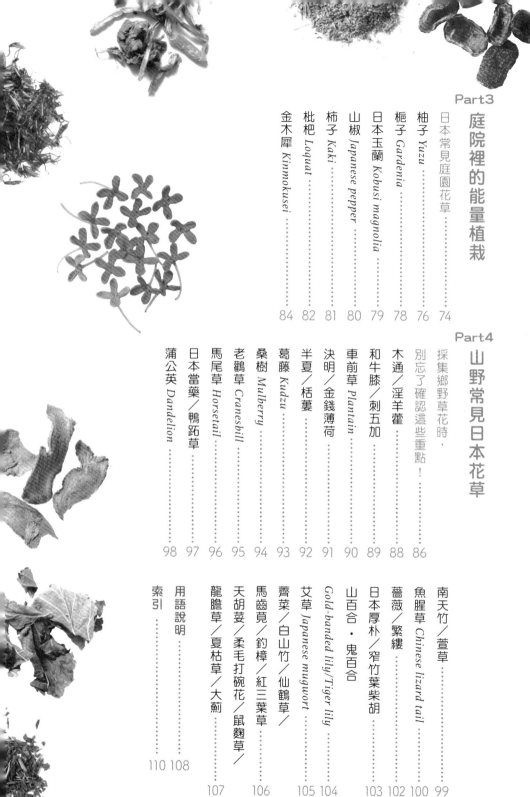

花草效用一覽

本書收錄的內容是以一般藥材、藥用花草的資訊為基礎，將每種花草所含的有效成分大致標示出來，這裡所列的二十餘種大多是許多花草共有的養生功效，至於其他比較特殊的作用，會另外標明在個別植物的data檔案裡。

Notice！
切勿為了改善症狀而過量攝取，也請留意使用後是否有不適或皮膚反應等。若身體有任何異狀或不適，需立即詢問專家或醫師。

促進排便 幫助腸蠕動，改善便祕。

化痰 去痰、止痰，幫助排除。

驅風 將滯留在腸胃的氣體排出，緩解腹脹、腹痛。

促進血循 提升血液循環，讓血液在體內通行無阻。

健胃 促進胃液分泌，改善食慾不振、消化不良。

抗過敏 抑制因免疫異常亢進所引起的發癢、紅腫等症狀。

抗病毒 提高身體的抵抗力，抑制病毒活動，預防感染。

抗菌 抑制大腸桿菌或金黃色葡萄球菌等細菌的繁殖。

抗氧化 保護細胞免受自由基的攻擊，預防老化。

止瀉 停止腹瀉。

收斂 收緊鬆弛的組織，抑止汗水或皮脂過度分泌。

消炎 抑止發炎反應，修復受損的組織，原則上亦有抗發炎的作用。

促進消化 提升胃或腸道的機能。

滋補強身 將營養送達身體虛弱的部位，使其健康強壯。

止咳 作用在咳嗽中樞或氣管上，讓咳嗽停止。

抗痙攣 抑止平滑肌的痙攣症狀。

鎮靜 緩和自律神經失調所引起的亢奮，使心神安定。

鎮痛 作用於大腦和神經，緩解疼痛。

保護黏膜 包覆住消化器或口腔等部位，避免刺激。

利膽・強肝 促進膽汁的分泌，同時強化肝臟機能。

利尿 促使尿液生成，幫助排尿。

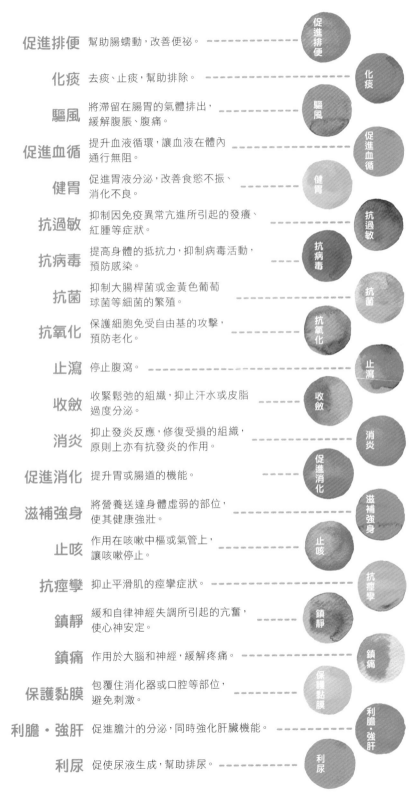

本書使用方法

請盡情享受花草帶來的好處吧！

書中將詳盡介紹花草的使用方法或訣竅，包含：

1. 基本的作業程序，譬如泡茶的方法或酊劑的製作方法。
2. 妥善保存的訣竅。
3. 藉由熱水溶出花草有效成分的花草茶。
4. 藉由酒精溶出花草有效成分的酊劑。
5. 藉由植物油溶出花草有效成分的浸泡油。
6. 使用乾燥花草碾碎的粉末。
7. 使用新鮮花草製作的保健品或料理。
8. 藉由白酒或燒酒等溶出花草有效成分的酒類製品。

使用的部位

此處以圖示標出使用的花草部位，也會簡單介紹其風味或特徵。

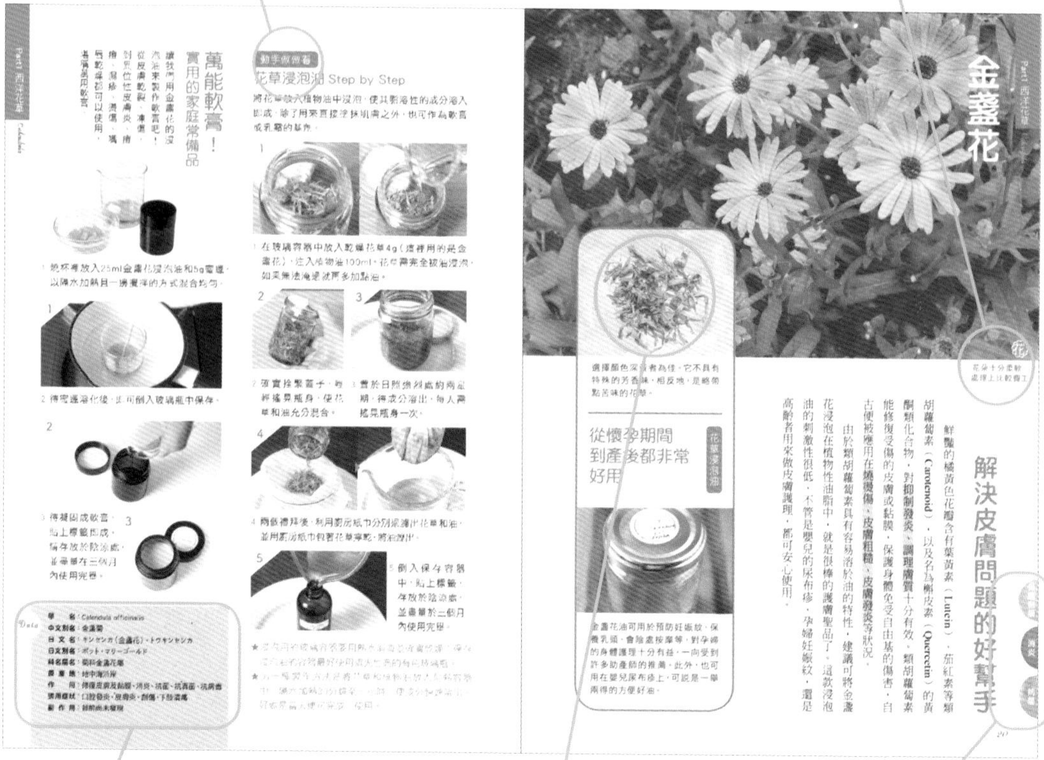

Data

選取經常被作為花草使用的品種，並條列出其學名、名稱、科名屬名、作用、適用症狀、副作用等。至於有爭議的地方將擇要摘錄。

花草形態

這裡將呈現花草的各種不同樣貌，包括葉片或粉末等，文中也將指出特徵以利讀者辨識。

作用索引

各種花草的作用將以索引方式標示，方便大家查閱。

認識花草基礎入門篇

不知不覺中，花草（herb）這個名詞已經融入日常生活之中。簡單來講，所謂的花草就是「有用的植物」，凡是對生活有幫助的植物都是。從生長在我們周邊隨手可得的草木，到超市貨架上擺放整齊的蔬菜，或是放進咖哩裡的香料，乃至乾燥的茶葉，豐富多樣的花草正以各種形態出現在我們的生活裡。

擁有特殊能量的花草植栽

植物也好、動物也罷，凡是生物都必須攝取營養，再將營養轉換成能量來維持生命。動物只能藉進食獲得能量，然而，植物卻可藉由光合作用自行製造出養分。動物則是直接或間接攝取植物製造的養分。所以說，如果沒有植物，動物是活不下去的。

植物本身沒辦法移動，不管出現什麼情況，都只能忍耐，靜靜地待在原地。因此為了存活下來，植物具備了各種適應能力，比方說嚐起來又苦又澀的話，就不會被蟲子、鳥兒所食；受了傷可以立刻自我修復，還有不怕紫外線的抗氧化作用等；另外，為了自我防禦，植物自然生成的特殊成分叫做「植化素」（存在於植物內的天然化學物質），像我們耳熟能詳的茄紅素（lycopene）、皂苷（saponin）、檸檬酸（citric Acid）等，都屬於這些高機能的成分。

自古便與人類息息相關

遠古時代人類過著進入深山叢林裡狩獵、採集以獲得食物的生活，在當時，「活著」意味著能將吃下肚的東西平安順利地排泄出來，因此腹痛、腹瀉等消化器官要是出毛病了，那可是攸關生死的大事。面對這些症狀，人們發現只要食用帶有苦味的某種草，疼痛便可緩解，於是隨著經驗累積，人們逐漸發現對自己有益的藥草。之後，人類又成功地從這些植物裡提煉出有效成分，促使醫藥品的誕生。雖說現在有些成分已可用人工製造，但現今我們使用的藥物，有一大半都還是來自天然的花草呢！

7種運用方式，獲取豐富有效成分

植物豐富的植化素，在「許多方面」可以發揮「相乘」且「穩定」的作用，這是它最大的特色。相形之下，醫藥品通常只針對身體不適的部分治療，頭痛醫頭、腳痛醫腳，「治標」而不治本，兩者實在大不相同。那麼，該如何取得花草所含的植化素成分呢？以下七種方法都很適合。

成分的取得方法（書中都有記載詳細做法）

1	用水（熱水）溶出	→ 花草茶（水溶性成分）	P13、15
2	用油溶出	→ 花草浸泡油（脂溶性成分）	P21
3	用酒精溶出	→ 花草酊劑（水溶性＋脂溶性成分）	P23
4	用醋溶出	→ 花草醋	P29
5	用蜂蜜溶出	→ 花草蜜	P39
6	直接碾碎成粉末	→ 花草粉	P30
7	利用蒸氣使其揮發再提取	→ 蒸氣嗅吸、芳香浴	P15、17

請善用以上方式，徹底發揮每種花草的效能吧！這是研究植物最有趣的地方。可別小看一杯花草茶，家人的健康、甚至容貌都將因它而改善。大致上而言，花草比較不會對人體造成負擔，持續不間斷地使用，身體的自然治癒力將逐步提升。接下來，就讓我們先來燒上一壺熱開水，享受悠閒健康的花草茶時光。

安全、正確運用花草的6個提醒

花草自古便是平民百姓的良藥，基本上應該是很安全的。儘管花草含有多種有效成分，但每種份量都只有一點點，因此跟一般醫藥用品相比，出現副作用的機率很低，對身體的有害程度也較小。不過，因為花草的品質與個人身體狀況不一，加上可能有同時服用其他藥物等不同情況，有時難免可能對人體造成危害。以下事項請多多注意，才能盡享快樂舒適的花草生活。

花草無法取代醫療。根據個人體質、身體狀況及使用方法的不同，也可能反而對健康造成損害，必要時請與醫師或藥劑師商量後再使用。本書的作者、監修者、推薦人乃至出版社，對因使用本書所產生的傷害、損失等情況，一概不負任何責任。

1 選擇值得信賴的產品

認清花草的學名或部位，並尋找值得信賴的店家購入品質有保障的產品。

2 配合自己的身體狀況或體質使用

就算是天天服用的花草，一旦發現有不太對勁時，就應馬上停用。此外，對某種成分過敏的人，應避免使用含有該成分（過敏原）的花草或基劑（即一般化妝品的基礎溶劑）。

3 和其他藥品一起服用時須留意

可能會產生交互作用（兩種或兩種以上的藥物同時應用時所發生的藥效變化），特別是本身有慢性病、長期服用某種藥品的人請勿自行判斷，應諮詢過醫師或藥劑師後再行使用。

4 懷孕或哺乳期間使用要小心

具通經、收斂作用，以及會改變荷爾蒙濃度的花草，對懷孕或哺乳中婦女的身體會有影響，使用時請務必小心。

5 讓嬰幼兒服用時要仔細觀察

花草的藥效穩定，可以提高自然治癒力，就這點來看很適合讓嬰幼兒服用。花草有特殊的風味和香氣，對初次嘗試的小朋友可能不太討喜，這時不妨把它調得淡一點，或是摻在果汁等飲料當中。不過，孩童的免疫力較弱，身體也還未發育完全，若有任何狀況會立刻有所反應。因此，當小朋友服用花草後，若感覺有不適或其他異狀，都要停止服用，並諮詢家庭醫生。

6 請自己享用，勿作為營利用途

化妝水、軟膏等手工保養品，請自己負起責任，做好品質把關並自己享用即可，千萬不可做成商品販賣給第三者使用。

Part1 療癒身心西洋花草

讓我們好好利用西洋花草吧！

據說在古希臘時代，被譽為醫學之父的希波克拉底曾以多達４００種花草做為醫療處方。之後，應用花草的臨床醫學，自德國的修道院為起始，開始日漸普及。進入十九世紀後，從花草提取出藥效成分的醫藥品誕生了，西洋醫學的發展趨勢也就此確立。雖然如今醫療仍然是以西洋醫學為中心，但人們也開始關注副作用少、具自然能量的花草，並與之搭配使用。

花草的功效雖然較緩和，但就「多種成分可以相輔相乘」及「平常容易取得、容易持續」的特點而言，對於維持健康、預防生活習慣病等方面，應該可說是助益良多。

新鮮花草

自家庭園所栽種的花草或可食用的品種，不妨趁著新鮮享用吧！**新鮮花草的魅力在於有著淡淡的香氣及美麗的色澤**，無論味覺、視覺都是一大饗宴。相較於乾燥花草，新鮮花草的水份較多，因此若要提取出同樣濃度的成分，使用時必須是乾燥花草的4倍份量才足夠。

主要用法

可製成茶飲、沙拉料理、醋品、油品、佐料等。

選購方法

選擇葉片顏色翠綠、具有光澤者。

保存方法

切口用沾濕的餐巾紙包覆，裝進密閉容器裡，放入冰箱保鮮室保存。若天氣不是很熱，也可直接插在水中。

乾燥花草

這是指採收後直接風乾的花草。乾燥花草不管任何季節都可取得，相較於新鮮花草，**其成分的濃度較高**，香氣自然也比較濃郁。

主要用法

可製成茶飲、酊劑、醋品、油（浸泡油），或利用蒸氣嗅吸等。

選購方法

請到專賣店選購作為「食品」販售的商品，生活雜貨店舖賣的花草不適合食用。

保存方法

要特別小心濕氣，不要受潮了。應連同乾燥劑一起放進密閉容器裡，置於陰涼處存放。建議每次買一點，夠用就好，趁新鮮盡快使用完畢。

精油

花草的花、葉、莖、根、果實、果皮、種子等所含的**芳香成分，具有抗氧化等多種功效**。其特徵是具揮發性的香氣可以直接刺激大腦，同時在生理與心理層面上產生作用。

主要用法

應用於芳香療法（參考P17）。

選購方法

應選擇有信譽的商家購入品質良好的精油。

保存方法

置於通風良好的陰涼處，開封後一年內要使用完畢。

Notice！
精油成分的作用力較強，請酌量使用。切勿直接塗抹於皮膚，也不可飲用。

德國洋甘菊

German chamomile

花

特徵是花芯較長

消炎

鎮靜

抗痙攣

驅風

鎮靜、消炎的經典花草

在童話故事《彼得兔》中的德國洋甘菊，被視為可以安定心緒的花草茶。德國人將它比喻為「媽媽藥草」，聽說當小孩腹痛或感冒初期時，喝下洋甘菊茶便可以乖乖地睡上一覺。

擁有獨特甘甜香氣、外形近似瑪格麗特的花朵，含有芹菜素（apigenin）和木犀草素（luteolin）等可以抗氧化的類黃酮化合物，具有鎮靜、抗痙攣、消炎等作用，對緩解胃炎、經痛、體寒、失眠等症狀皆有療效。它是日常中很常見的花草茶，但是對菊科植物過敏的人需多加留意。

它結合了甘甜的花香與草香，也有人認為它聞起來有蘋果香氣。

保存法 新鮮洋甘菊該如何保存呢？

如果好不容易能取得新鮮的德國洋甘菊，建議不要曬乾，以冷凍方式保存。不過因為香氣和顏色會隨著時間逐漸流失，所以最好趁早使用。

茶・新鮮花草

品嚐新鮮花草的柔和滋味

手邊若有新鮮的德國洋甘菊，請務必試一試！新鮮花草釋放的香氣甘甜柔順，只要啜飲一口便能體會。雖然效果不如乾燥後的花草，但新鮮花草特有的清新香氣更能使人感受到季節的氛圍。

動手做做看 沖泡新鮮花草茶 Step by Step

1. 將花草用水輕輕清洗、去除髒污後，撕成小瓣。
2. 舀一尖匙花草放入茶壺裡，注入熱水。
3. 為避免花草釋出的揮發性成分蒸散消失，需加上壺蓋浸泡3分鐘後再取出。
4. 輕輕搖晃茶壺使茶湯濃度更均勻，即可倒入杯中。

★ 一杯德國洋甘菊茶所用的花大約是5～6朵。新鮮的花朵一旦浸溼會有花粉掉落，所以只需輕輕拍掉灰塵即可。

1

2

3

4

常見品種

羅馬洋甘菊

不同於德國洋甘菊，羅馬洋甘菊大多用來提煉成精油。和德國洋甘菊相比，羅馬洋甘菊花朵的中心部份比較平坦，很容易分辨喔！

Data

- **學　　名**：Matricaria recutita
- **中文別名**：母菊
- **日 文 名**：カミツレ（加密列）
- **科名屬名**：菊科洋甘菊屬
- **原 產 地**：印度、歐陸西亞一帶
- **作　　用**：消炎、鎮靜、抗痙攣、驅風
- **適用症狀**：胃炎、胃潰瘍、經痛、皮膚炎（外用）、口內炎（外用）
- **副 作 用**：目前尚未發現

酊劑

德國洋甘菊酊劑

「酊劑」指的是將花草浸泡在酒精類液體中，讓有效成分溶出的作法。泡在伏特加裡製成的酊劑可以內服也可以外用，以德國洋甘菊製作的酊劑對於緩解感冒初期症狀或是失眠、經痛、更年期不適等，都有效果。建議可在飲料中滴上幾滴，一起喝下（有關酊劑的詳細説明請參考P23）。

薄荷

Peppermint

不管單獨飲用或
調配成複方都很適合

擁有能直通腦門的清爽薄荷醇香氣，外觀以顏色翠綠、鮮豔者為佳。

栽種　是最容易栽培的香草之一

薄荷不畏寒暑、生命力強，種苗易取得，是最容易栽種的香草之一。只要選擇日曬強的地方，就算種在盆栽裡也能長得很好。薄荷的地下莖會不斷延伸、擴展，根部很快就會佈滿整個花盆，所以每年最好能換盆一次。

蘋果薄荷
特徵是葉片柔軟，具有蘋果的香氣。

綠薄荷
甜香味更甚胡椒薄荷，也有人運用它製成糕點。

黑胡椒薄荷
葉片顏色深，氣味也更為辛辣。

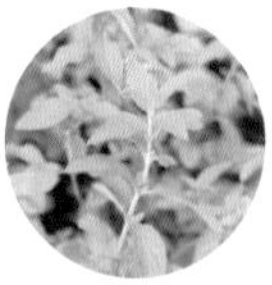

日本薄荷
香氣濃烈，薄荷醇含量比胡椒薄荷更多。

清爽宜人，可緩解腸胃不適

抗痙攣　驅風　利膽・強肝

薄荷經常被添加在口含錠、口香糖等糖果，或是化妝水、保養品裡，種類繁多，至於花草茶中應用最廣泛的則屬胡椒薄荷。

它舒爽的清涼感主要來自名為薄荷醇（menthol）的芳香成分，此成分能直接影響中樞神經系統，刺激大腦，活化腦細胞，進而改善頭痛，提振精神。

雖然薄荷是很常見的花草，卻含有能抗氧化的類黃酮，更有促進腸胃蠕動的功效，尤其能緩解鼓腸（腸子內充滿空氣）、大腸激躁症等，是非常有用的花草。薄荷與許多花草搭配都很對味，對調配複方花草茶而言是非常重要的角色。

動手做做看

乾燥花草茶沖泡 Step by Step

1. 將花草放入濾泡式茶壺裡，注入熱開水。一杯茶大約使用一茶匙乾燥花草。
2. 為了避免花草釋出的揮發性成分散失，請**務必蓋上蓋子**，浸泡3分鐘；若取用的是花草根部或果實等比較堅硬的素材，請浸泡5分鐘。
3. 將花草取出，輕輕搖晃壺身，讓茶湯濃度一致，即可倒入杯中。

★ 若茶壺本身沒有過濾功能，請使用濾茶器，並盡快將茶湯倒乾淨。

1

2

3

芳香保健

趕走睡意，專注力up

薄荷含有的薄荷醇成分可刺激大腦，**趕走睡意和疲倦**。試著使用乾燥或新鮮花草透過嗅吸方式幫助提神醒腦。

1. 在臉盆裡放入薄荷，注入熱水。
2. 將大毛巾蓋在頭上，盡可能將臉盆整個罩住，慢慢將上升的蒸氣吸入。

★ 由於其揮發性成份會對眼睛造成刺激，請閉上眼睛進行。若太靠近臉盆可能會有燙傷或太過悶熱情形，使用時請小心。

花草浸泡油

胃腸不適時，來塗抹薄荷油吧！

「浸泡油」是指將花草浸泡在植物油使其成分溶出的作法。利用胡椒薄荷和夏威夷果仁油製作浸泡的薄荷油，塗抹在肚臍周圍，**有助緩解胃部不適，對肌肉疼痛也有一定的效果**。使用新鮮花草時務必讓油淹過，以免產生發霉。

Data

學　名：Mantha × piperita
日文名：セイヨウハッカ（西洋薄荷）／コショウハッカ（胡椒薄荷）
科名屬名：唇形科薄荷屬
原產地：地中海沿岸、歐洲
作　用：促進再生、抗痙攣、驅風、利膽
適用症狀：困倦、注意力不集中等精神症狀、腹部膨脹感、鼓腸、食慾不振、大腸激躁症
副作用：目前尚未發現

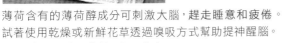

薰衣草

一株乾燥的薰衣草
就能散發出濃烈香氣

香氣No.1療癒系花草代表

鎮靜 抗痙攣 抗菌

臥室裡只要有一株薰衣草就會芳香四溢，不論是空氣還是心情都會跟著清新起來。

薰衣草的特徵是整株都含有經常被用於化妝品中的芳香成分，如乙酸芳樟酯（linalyl acetate）或芳樟醇（linalool）。其獨特的香氣具有鎮靜、鎮痙的作用，讓心情平靜、安定下來的同時，也能緩解肩膀僵硬、腰部疼痛。因為它能紓解緊張的情緒，所以對減緩腸胃不適、治療高血壓也有效果。此外，它還有很強的抗菌、抗真菌作用，對皮膚的刺激也小，因此大可放心用來保養肌膚。薰衣草香氣從鼻子進入大腦後會擴展至全身，效果更好，建議可以用來泡澡。

選擇花苞一顆顆完整的，紫色鮮豔、漂亮的。

乾燥DIY 自製乾燥薰衣草

將採收下來的薰衣草稍微清洗一下，並確實將水份擦乾。
薰衣草的莖很堅韌，不妨綁成一束吊掛起來。要注意，花莖交疊的地方容易發霉，所以紮綁時不可太大束。接著將薰衣草掛在陽光無法直射、通風良好處陰乾，也可吊掛在室內，並將冷氣設定為送風功能，幫助薰衣草乾燥。

超好用的 薰衣草精油

芳香浴 可利用薰香燈或擴香器幫助精油揮發，享受一段芳香泡澡時光。

蒸氣嗅吸 臉盆裡注入熱水約1公升，滴入1～3滴的精油，嗅吸蒸氣。

美容油 在荷荷芭油或夏威夷果仁油等植物油裡加入2滴精油，並用它輕輕按摩身體肌膚。

軟膏 將5g的蜜蠟加入25g夏威夷果仁油裡，以隔水加熱法使蜜蠟融化，再滴入10滴精油並充分混合均勻。（參考P21）

面膜 以黏土（陶土的一種）、優格、蜂蜜等作為面膜的基劑，加入1滴精油後充分拌勻即可。（參考P69）

室內芳香劑 取10ml消毒用酒精加入精油10～12滴，充分混合後再加純水50ml稀釋，裝入噴霧瓶裡使用即可。

想要一次一滴地倒出精油，可先用手握住精油瓶身，使其稍加溫熱後，再將氣孔朝上並傾斜瓶身，即可順利滴出。

Data

- **學　　名**：Lavandula officinalis
Lavendula angustifolia
Lavandula vera
- **中文別名**：靈香草、黃香草
- **日文別名**：真正ラベンダー
- **科名屬名**：唇形科薰衣草屬
- **原 產 地**：地中海沿岸
- **作　　用**：鎮靜、抗痙攣、抗菌
- **適用症狀**：不安、睡眠障礙、神經疲勞、神經性胃炎
- **副 作 用**：目前尚未發現

精油小知識

新手必讀！芳香精油正確使用法

精油是由植物的花、葉、果皮、樹皮、根部或種子等部位萃取而成的天然成分，是含有高濃度有效成分的揮發性芳香物質，具有可溶解於油和酒精，卻不易溶於水中的特性。依植物種類的不同，其香味、成分及作用也各有差異。

外用時一定要稀釋，一般以1%為安全的使用濃度，若能事先進行貼膚測試便可放心使用。原則上不可使用原液，也應避免內服。

★也有人會將薰衣草原液應用在個別的小範圍治療上，像是微小的燒傷或香港腳等。

芳香SPA

有助緩解焦慮的薰衣草浴鹽

試試看用天然粗鹽來製作浴鹽吧！只要在40克浴鹽裡加入4滴薰衣草精油充分調勻即可。若是使用乾燥薰衣草，可以先裝進小布袋再放入浴缸中。

迷迭香

Rosemary

葉

新鮮迷迭香的枝葉因為含有大量精油成分，所以手一旦摸到就會感覺黏黏的

具抗氧化功效，回春效果強

抗氧化　促進血循

曾經有過一段關於迷迭香的佳話：有使用迷迭香化妝水習慣的78歲匈牙利女王，被小她30歲的鄰國王子求婚。迷迭香號稱是花草之中抗氧化作用最強的一種，被視為「可以預防老化的花草」，因而成為眾所矚目的焦點。

迷迭香所含的木犀草素成分能促進血液循環，除了肩膀僵硬、頭痛外，對改善皮膚乾燥、暗沉也有幫助。血流通暢了，連帶著也達到防止動脈硬化的效果。此外，它還含有據說可以抑止記憶力衰退的迷迭香酸，對失智症應該也有療效。不過，有高血壓的人需小心使用。

迷迭香外型類似針葉，具有強烈、刺鼻的香氣。由於味道濃烈，建議搭配其他花草使用時，份量要稍加斟酌。

品種　認識迷迭香品種特色

縱使學名相同，卻因生長環境的關係導致成分組成完全不同，這種現象被稱為化學類型。迷迭香擁有三種化學類型，每一種特徵都不一樣，作用也各不相同。

- 樟腦迷迭香（Camphor）：促進血液循環。
- 桉油醇迷迭香（Cineole）：有助提高專注力和記憶力，幫助學習、預防失智。
- 馬鞭草酮迷迭香（Verbenone）：緩解消化道不適、調整內分泌，對美容養顏有益。

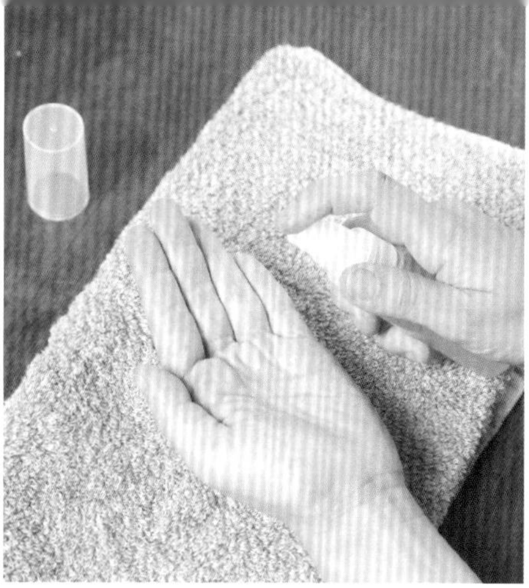

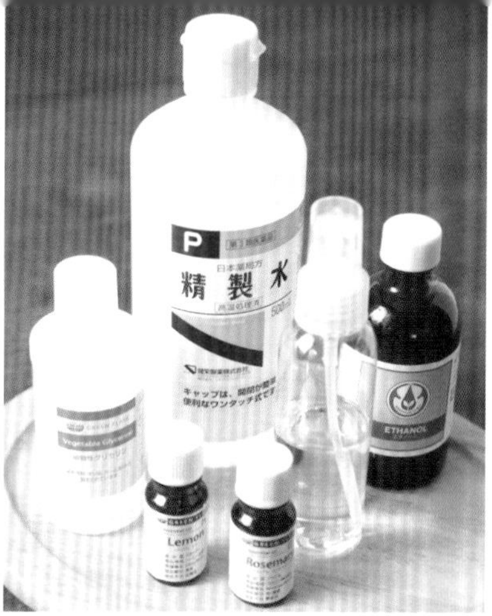

動手做做看

用精油輕鬆做出迷迭香化妝水

一次少量製作最佳，並且應盡早使用完畢。若加入甘油就是滋潤型化妝水，不加的話則質地較為清爽。

材料

消毒用酒精（或無水酒精）5ml、純水40ml、甘油5ml、精油5滴（迷迭香精油3滴＋檸檬精油2滴）

1 噴霧瓶裡放入酒精，再放入精油，仔細搖晃。
2 將甘油加入步驟1中，充分混合再倒入純水即成。若選擇不加甘油，純水的量應加到45ml。

★無水酒精可在某些花草專賣店購買到。

芳香保健

促進血液循環、改善手腳冰冷，就用它來泡腳吧！

體寒、容易便秘、肩頸僵硬、總是感到疲累的人，不妨試試足浴。只要泡腳15分鐘，整個身體就會暖和起來。

1 臉盆裡放入乾燥迷迭香10g，注入熱水靜置10分鐘。等待時不妨先嗅吸散發出的蒸氣，享受氤氳芳香。
2 加入適量冷水調整溫度，確定溫度不燙後再放入雙腳，浸到腳踝處即可，可視情況再添加熱水。

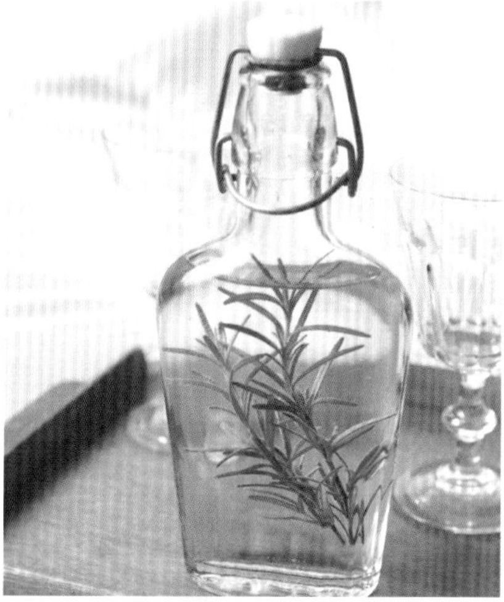

睡前小酌，有益暖身養生

將迷迭香枝條放入白葡萄酒浸泡約一星期，使其風味釋放。建議體寒、體質虛弱、天氣一冷就欠缺活力的人或年長者，可在睡前喝上一小杯迷迭香酒。

Data

學　　名：Rosmarinus officinalis
中文別名：海洋之露
日文別名：マンネンロウ、メイテツコウ（迷迭香）
科名屬名：唇形科迷迭香屬
原 產 地：地中海沿岸
作　　用：抗氧化、促進消化機能、促進血液循環、強化心臟功能
適用症狀：食慾不振、消化不良、循環不良、風濕痛、關節炎
副 作 用：目前尚未發現

金盞花

Part1 西洋花草

Calendula

花朵十分柔軟，
處理上比較費工

選擇顏色深黃者為佳。它不具有特殊的芳香味，相反地，是略帶點苦味的花草。

花草浸泡油

從懷孕期間到產後都非常好用

金盞花油可用於預防妊娠紋、保養乳頭、會陰處按摩等，對孕婦的身體護理十分有益，一向受到許多助產師的推薦。此外，也可用在嬰兒尿布疹上，可說是一舉兩得的方便好油。

解決皮膚問題的好幫手

鮮豔的橘黃色花瓣含有葉黃素（Lutein）、茄紅素等類胡蘿蔔素（Carotenoid），以及名為槲皮素（Quercetin）的黃酮類化合物，對抑制發炎、調理膚質十分有效。類胡蘿蔔素能修復受傷的皮膚或黏膜，保護身體免受自由基的傷害，自古便被應用在燒燙傷、皮膚粗糙、皮膚發炎等狀況。

由於類胡蘿蔔素具有容易溶於油的特性，建議可將金盞花浸泡在植物性油脂中，就是很棒的護膚聖品了。這款浸泡油的刺激性很低，不管是嬰兒的尿布疹、孕婦妊娠紋，還是高齡者用來做皮膚護理，都可安心使用。

保護黏膜

消炎

抗菌

萬能軟膏！

實用的家庭常備品

讓我們用金盞花的浸泡油來製作軟膏吧！從皮膚乾裂、凍傷，到異位性皮膚炎、痘痘、濕疹、燙傷、嘴唇乾燥都可以使用，堪稱萬用軟膏。

1 燒杯裡放入25ml金盞花浸泡油和5g蜜蠟，以隔水加熱且一邊攪拌的方式混合均勻。

2 待蜜蠟溶化後，即可倒入玻璃瓶中保存。

3 待凝固成軟膏，貼上標籤即成。請存放於陰涼處，並盡量在三個月內使用完畢。

Data

學　　名：Calendula officinalis
中文別名：金盞菊
日 文 名：キンセンカ（金盞花）、トウキンセンカ
日文別名：ポット・マリーゴールド
科名屬名：菊科金盞花屬
原 產 地：地中海沿岸
作　　用：修復皮膚及黏膜、消炎、抗菌、抗真菌、抗病毒
適用症狀：口腔發炎、皮膚炎、創傷、下肢潰瘍
副 作 用：目前尚未發現

動手做做看

花草浸泡油 Step by Step

將花草放入植物油中浸泡，使其脂溶性的成分溶入即成，除了用來直接塗抹肌膚之外，也可作為軟膏或乳霜的基劑。

1 在玻璃容器中放入乾燥花草4g（這裡用的是金盞花），注入植物油100ml。花草需完全被油浸泡，如果無法淹過就再多加點油。

2 確實拴緊蓋子，輕輕搖晃瓶身，使花草和油充分混合。

3 置於日照強烈處約兩星期，待成分溶出，每天需搖晃瓶身一次。

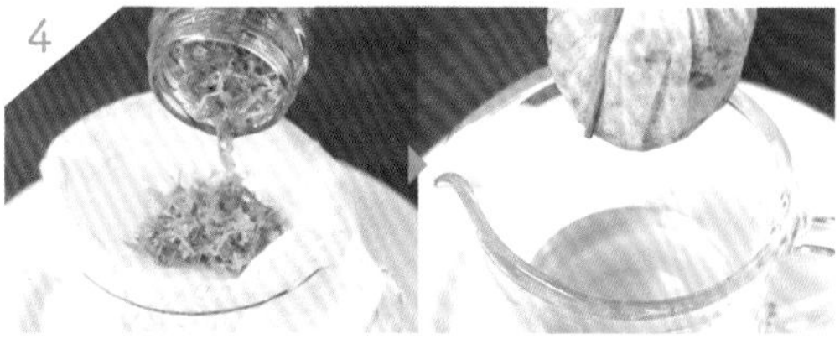

4 兩個禮拜後，利用廚房紙巾分別過濾出花草和油，並用廚房紙巾包著花草擰乾，將油瀝出。

5 倒入保存容器中，貼上標籤，存放於陰涼處，並盡量於三個月內使用完畢。

★浸泡用的玻璃容器要用熱水消毒並確實乾燥；保存浸泡油的容器最好使用遮光性高的有色玻璃瓶。

★另一種製作方法是將花草和植物油放入耐熱容器中，隔水加熱30分鐘至一小時，使成分快速溶出。好處是當天便可完成、使用。

聖約翰草

St. John's Wort

花 葉 莖

用來泡茶，
別具一股青草香氣

天然抗憂鬱劑，有助提振心情

消炎 鎮痛

聖約翰草是自古希臘時代便被用來治療受傷士兵的花草，據說夏至時分採收的花朵或莖葉療效最好。它含有能強化血管的蘆丁（rutin）及具有收斂作用的單寧酸（tannin），因此，除了能治療傷口外，對燙傷、蚊蟲叮咬、斑疹都很有效。

當感覺缺乏幹勁，或心情沮喪、悶悶不樂的時候，飲用聖約翰茶有助振作；當孩童脾氣暴躁、情緒不穩定時，聖約翰茶也有幫助。不過，它有可能造成皮膚對紫外線敏感（植物光照性皮膚炎），特別是皮膚較白的人使用時要小心。此外，為免與其他藥物引發交互作用，切忌一起服用。

花

通常乾燥的聖約翰草也會包含花朵，若手上有曬乾的花，請務必做成酊劑或浸泡油。

品種 「弟切草」的故事

它與跟日本原生的弟切草（オトギリソウ）為同屬不同種，而弟切草這命名有其典故。相傳中國古代有一名叫晴賴的養鷹師用這種藥草幫老鷹治傷，卻被弟弟將這個祕密洩漏出去，於是憤怒的他殺了弟弟，而弟切草花葉片上的暗紅斑點，便是弟弟身上濺出的血漬。

動手做做看

酊劑製作 Step by Step

由於酊劑是利用酒精將不容易溶於水的有效成分溶解出來，因此它所含的成分會比花草茶更豐富。此外，因酒精具有殺菌作用，所以酊劑還有保存期限可長達一年的優點。若製作酊劑時使用的是伏特加、白酒等烈酒，便可直接飲用（內服）。內用酊劑的特點，是可透過口腔黏膜和胃被身體吸收，具有即效性，只需少許便能達到不錯的效果。由於酊劑酒精濃度很高，請稀釋30～100倍後再飲用，也要小心不可讓孩童誤飲，並遠離火源。當作貼布外敷時，最好能稀釋4～10倍後再使用。

聖約翰草的花瓣是黃色，做成酊劑後卻會呈現鮮紅色，代表裡面含有大量名為金絲桃素（hypericin）的紅色色素。

1 將用來浸泡的容器先以熱水消毒，再放入4g乾燥花草（圖為聖約翰草），並注入酒精濃度40度的伏特加或酒精濃度35度的白酒80ml。

2 將瓶蓋拴緊，輕輕搖晃瓶身，使花草與酒精充分混合。

3 置於陰涼處兩星期，待成分徹底溶出，每天至少搖晃瓶身1～2次。

4 兩週後，用濾網過濾並將花草取出。

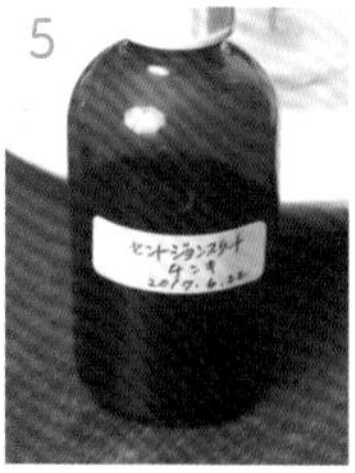

5 剩下的液體倒入容器裡，貼上標籤、放在陰涼處保存，可存放一年。

複方花草茶

方便好喝的配方

鬱鬱寡歡、情緒低落時

聖約翰草 + 西番蓮 + 洋甘菊

經痛或經前症候群

聖約翰草 + 覆盆子葉 + 洋甘菊

因減肥引發的脾氣暴躁

聖約翰草 + 桑葉 + 薄荷

重拾信心、活力

聖約翰草 + 玫瑰果 + 洛神花

更年期倦怠

聖約翰草 + 鼠尾草 + 薄荷

Data

學　　名：Hypericum perforatum
中文別名：貫葉連翹、金絲桃
日 文 名：セイヨウオトギリソウ（西洋弟切草）
日文別名：ヒペリカム
科名屬名：金絲桃科金絲桃屬
原 產 地：歐洲
作　　用：抗憂鬱、消炎、鎮痛
適用症狀：神經疲勞、輕度至中度抑鬱、季節性情緒障礙、經前症候群、創傷、燙傷
副 作 用：具有光敏性，皮膚白皙者使用時要小心，應避免與抗憂鬱藥、強心劑、免疫抑制劑、支氣管擴張劑、降血脂藥、抗HIV藥、抗凝血劑、口服避孕藥等藥物合併使用

避免與藥物併服

聖約翰草會提高藥物代謝酵素的功能，有可能降低藥品的療效。特別是正在服用Indinavir（抗HIV藥）、Digoxin（強心劑）、Cyclosporin（免疫抑制劑）、Theophylline（支氣管擴張劑）、Warfarin（抗凝血劑）、口服避孕藥等藥物時的人應特別注意，如有任何疑慮務必向醫生確認後再使用。

鼠尾草

葉

乾燥後會變得白白的

有效喚醒記憶和感覺

抗菌　抗病毒　收斂

鼠尾草是鼠尾草屬（Salvia）的芳香性植物，有櫻桃鼠尾草、墨西哥鼠尾草等品種。其中，園藝、觀賞用的種類很多，但用來當成草藥、可食用的通常是名叫藥用鼠尾草（common sage，或稱庭園鼠尾草）的品種。

藥用鼠尾草帶有獨特的濃烈香氣，並具有殺菌作用，經常被用來去除魚類、肉類的腥味。此外，因為含有能幫助收斂的單寧酸，除了能抑制經血過多、多汗、母乳分泌外，對更年期諸症狀也很有療效。

儘管它的味道比較特殊，卻具有僅次於迷迭香的強效抗氧化力，不僅能提升記憶力、恢復精神與活力，對防止老化也有一定的效果。

濃烈特殊的香氣很像藥物的味道，服用後整個人會清爽起來。

複方花草茶　讓味道特殊的鼠尾草變好喝

搭配溫和清甜的椴樹葉

薄荷具有畫龍點睛的效果

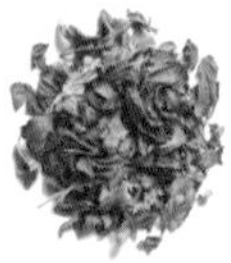

加點清爽淡雅的檸檬草

個性強烈的花草不適合單獨飲用，建議搭配椴樹葉、洋甘菊等口感溫和的花草調配成複方茶飲，有助緩和其特殊的味道；搭配蕁麻（咬人貓）或馬尾草等清爽的花草，則變成類似草本茶的風味；或者加進檸檬草、檸檬香蜂草等味道比較清淡的花草茶裡，可收畫龍點睛之效，不妨多方嘗試。若手邊暫時不易取得，加上一點薄荷也會變得好喝；再者，也可以每次只喝少許、分幾次喝完。

花草茶

適合更年期婦女服用

在女性荷爾蒙分泌減少的更年期，會出現頭暈目眩、心情低落等症狀。而鼠尾草所含的迷迭香酸具有收斂作用，能預防、改善熱潮紅，有效緩解盜汗的現象，更有平衡荷爾蒙的功效，搭配能預防骨質疏鬆的馬尾草、抗憂鬱的聖約翰草、舒緩緊張的西番蓮或德國洋甘菊一起服用，應能減輕更年期特有的憂鬱症狀。

精油

令人感到溫暖放鬆的快樂鼠尾草

跟鼠尾草同屬卻不同種的快樂鼠尾草（Salvia sclarea），是日文名叫「鬼サルビア」的大型鼠尾草，它的氣味香甜，宛如麝香葡萄，經常被當作香水或化妝品的原料。其中所含的香紫蘇醇（Sclareol）成分有助於調整女性荷爾蒙，對減緩更年期各種症狀、經痛、PMS（經前症候群）有一定的效果。可用於芳香浴或按摩油，不過它有很強的鎮靜作用，因此盡量避免開車前使用。

酊劑

天然的口腔保健良藥

將鼠尾草、百里香、薄荷以2：2：1的比例調和，做成酊劑，用水稀釋後拿來漱口，其殺菌作用可舒緩喉痛不適、口腔潰瘍、牙齦發炎等問題；對預防口臭也很有效，沒辦法刷牙時，是相當好用的口腔清潔聖品。

Data

學　　名	Salvia officinalis
中文別名	洋蘇草、丹參
日 文 名	ヤクヨウサルビア（藥用サルビア）
日文別名	コモンセージ、ガーデンセージ
科名屬名	唇形科鼠尾草屬
原 產 地	地中海沿岸、北非
作　　用	抗菌、抗真菌、抗病毒、收斂、抑制發汗、抑制母乳分泌
適用症狀	口腔、咽頭發炎、口腔潰瘍、牙齦發炎、更年期或身心症的異常出汗、盜汗
副 作 用	酊劑不可長期服用

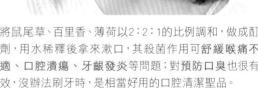

百里香
Thyme

葉

植株不是很高大，
但其實是灌木的一種

強效抗菌作用，保健呼吸道

百里香自古便被視為勇氣的象徵，據說古羅馬戰士會用百里香的枝葉泡澡以提振士氣。

其精油中的百里酚（thymol）和香芹酚（carvacrol）具有很強的抗菌、殺菌作用，藉由嗅吸香氣可達到保護喉嚨、氣管甚至肺的功效；此外，它還含有皂苷，可幫助排出堆積已久的痰液；其抗菌作用亦可應用於衣物防蟲或寵物除蚤方面。由於它的作用很強，使用精油時要小心不可過量，泡成花草茶效果會比較溫和，德國的小兒科醫生也會用百里香做為兒童感冒的處方。

抗菌　化痰　抗痙攣

香氣濃烈，聞起來像藥，略帶苦味，泡茶飲用後會覺得精神為之一振。

生活智慧

旅途必備良伴

出門在外很容易因飲食習慣不同而水土不服，或是飯店的空調太冷、太強，一不小心就感冒了，你是否曾經有過這樣的經驗？出發前不妨將百里香與薄荷一起磨成粉末，隨身攜帶，相信一定能派上用場。

薄荷粉

+

百里香粉

毛寶貝也可以用！

有些花草對照顧家中毛小孩的健康也很有幫助。當然，用量需視體型的大小調整，不過基本上適用的症狀幾乎都跟人類一樣。抗菌力強的百里香可用來治療寵物牙齦發炎、消化不良或驅蟲，像是撒一點百里香粉在寵物飼料裡，或是用滴管把茶餵入口中皆可。除了百里香之外，能改善過敏體質的蕁麻，鎮靜、安撫情緒的聖約翰草，或是治外傷用的金盞花、紫錐花，都是很適合寵物的花草。不過，若症狀比較嚴重或情況一直沒有改善的話，還是要盡早尋求獸醫師的診治。

酊劑

喉嚨卡卡時，不妨這樣做

將10滴百里香酊劑與10ml純水加在一起，裝入小噴霧瓶中便可隨身攜帶，若有能提高免疫力的紫錐花酊劑，不妨也加在一起，保證好用！

Data

學名	Thumus vulgaris
中文別名	麝香草
日文名	タチジャコウソウ（立麝香草）
日文別名	コモンタイム
科名屬名	唇形科百里香屬
原產地	歐洲、北非
作用	抗菌、化痰、支氣管鎮痙
適用症狀	支氣管炎、百日咳、上呼吸道感染、消化不良、口臭
副作用	目前尚未發現

芳香保健

連小朋友也能吃的百里香蜜

百里香的抗菌、抗痙攣作用對治療兒童氣喘、支氣管炎有不錯效果，像是將百里香泡在蜂蜜做成百里香蜜，加開水稀釋後給小朋友喝，就連咳嗽不止的支氣管痙攣也能馬上得到舒緩。一般花草蜜都是以隔水加熱的方法製作，但百里香的功效很強，單純浸泡便有效果。

羅勒

葉 種

葉子一碰到水會
馬上變黑，請小心

除了提味，還有鎮痛、放鬆功效

促進消化　抗氧化

羅勒是食用花草中最受歡迎的植物，不少人會自己栽種、用它入菜。類似丁香的辛甜香氣，從古希臘時代便深受王室的喜愛，被譽為「皇家的花草」。

羅勒精油裡的芳樟醇和丁香酚（Eugenol）具有鎮靜和提高消化系統機能的作用，當食慾不振或消化不良時，可用羅勒泡茶飲用。氤氳上揚的香氣可刺激大腦，達到放鬆的效果，緩解胃部不適的同時也可治療頭痛。新鮮羅勒的綠色葉子富含β-胡蘿蔔素，亦有不錯的抗氧化功效。

羅勒吃新鮮的最好，不過，若有多的，曬乾做成乾燥羅勒葉也不錯。

挑選

超級食物「羅勒籽」

羅勒的種子泡水後會脹大，產生一圈果凍狀的薄膜，口感QQ的，可加入飲料或甜點裡一起食用，含有豐富的食物纖維和礦物質。選購時記得不可挑選園藝用的，應購買食用品種。

天然・養生

釀製新鮮香草醋

香草醋充滿了新鮮草花的香氣，除了可以拿來拌進沙拉之外，也可加水稀釋當作健康飲料來喝。使用新鮮花草製作醋品務必要將水份瀝乾，否則容易發霉。

材料

羅勒1枝、大蒜1瓣、辣椒1根、白酒醋（或蘋果醋）180ml

做法

1 將醋以外的材料全部放進容器裡，再從上面將醋倒入，需淹過花草，不妨多倒點。
2 密封並放在陽光無法曬到的地方，每天輕輕搖晃瓶身一次。
3 一個星期後，將花草取出，視需要可過篩處理。保存於陰涼處，並於6個月內使用完畢。

Data

學　　名：Ocimum basilicum
中文別名：メボウキ（目箒）
日文別名：スイートバジル、コモンバジル
科名屬名：唇形科羅勒屬
原 產 地：印度、熱帶亞洲
作　　用：活化消化機能、抗氧化
適用症狀：食慾不振、消化不良、缺乏元氣
副 作 用：目前尚未發現

動手做做看

青醬基本款DIY

新鮮花草加入自己喜歡的調味料，再和食用油一起放進食物調理機裡攪打，便成了美味的花草醬料。以羅勒為基底做成的青醬非常有名，若把花草種類調換一下，再稍稍調整味道，即可做出多種變化喔！

材料

羅勒葉20片、松子1大匙、帕瑪森起司1～2大匙、大蒜1瓣、頂級初榨橄欖油4大匙、鹽適量

做法

所有材料放進食物調理機裡，攪打成均勻細緻的糊狀即成。

適合做成抹醬的花草植物

羅勒、芝麻葉、紫蘇、茼蒿、蕁麻、芫荽（香菜）

調味建議

鹽可用味噌、胡椒鹽、魚露、蝦醬等替代，而橄欖油則可改成芝麻油、胡麻油或葡萄籽油，調配專屬自己的抹醬口味吧！

栽種

必須勤於修剪、採收

建議不妨購入春天上市的羅勒幼苗回家栽種。由於羅勒是原產於熱帶地區的植物，不耐低溫，需等到五月之後才能養得漂亮。時序進入六月，花穗會開始抽出，若想要多收穫點葉片，就得把花穗摘除，好讓新芽從側邊長出來。採收幾次後，新芽會不斷從修剪處長出，只需摘採下方的嫩葉即可。另外，羅勒最怕水傷，葉子千萬別碰到水。

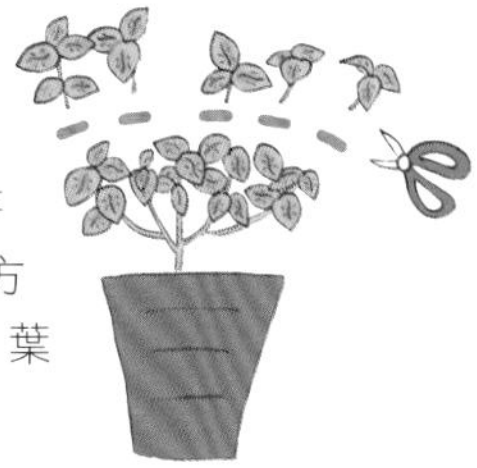

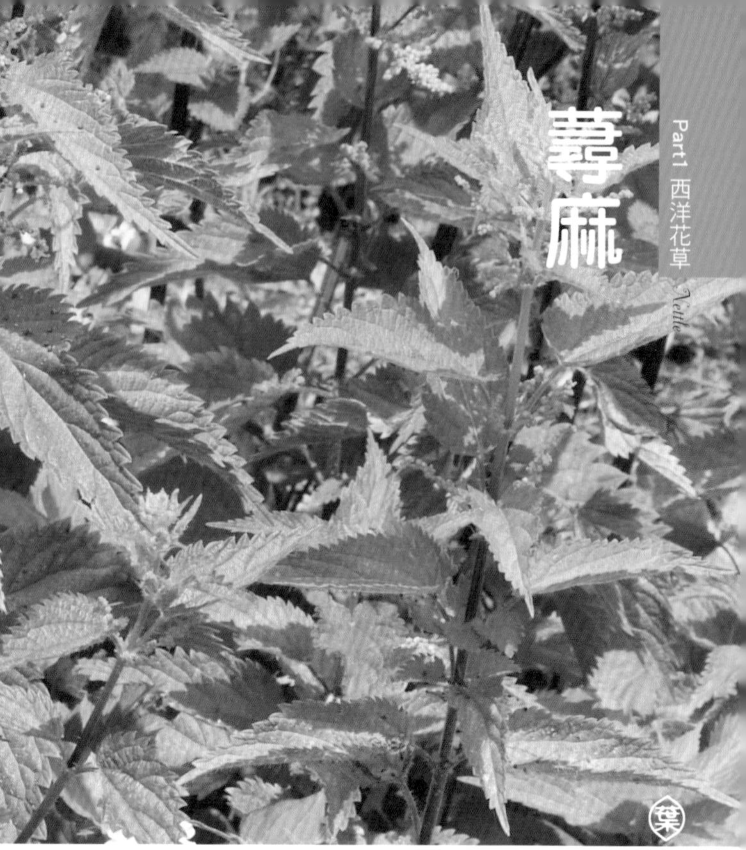

蕁麻

Nettle

新鮮的蕁麻帶有刺，需特別小心

利尿　抗病毒

耐心持續服用，改善體質指日可待

若把近緣種也算進去，那麼蕁麻可說是全世界最受歡迎的野生花草了，不過，它有個缺點，就是渾身長滿了刺毛，不小心碰到的話會又痛又癢。但要是對蕁麻有所認識，就會知道它是具有多種藥效的神奇花草。

蕁麻含有黃酮類化合物的槲皮素，以及葉綠素和葉酸，不僅能強化血管、促進血液循環，還能淨化血液、修復血管壁。此外，它還含有矽、鉀、鈣、鐵等多種礦物質，能強化結締組織並有利尿作用。因為有助於血液淨化和老廢物質的排出，因此可以改善過敏體質，也可以用在花粉症的治療上。

具有類似草本茶的純樸草味，是一款好喝順口，調配成複方也很適合的花草材料。

內服・外敷

簡便好用的蕁麻葉粉

將乾燥花草磨成粉末狀的花草粉，具有能將花草完整利用的好處，既可以當作保健食品服用，也可在飯菜裡灑上少許，一起吃進肚子裡，或者做成面膜、貼布外敷也不錯。

對抗花粉症要趁早

當引發症狀的過敏原進入身體後會導致生理活性物質被釋放出來，如果血管不夠強壯，異物便會大舉入侵，出現發癢等過敏症狀。在歐洲非常盛行的「春季療法」，主張應及早在花粉**症好發的季節來到之前，做好強化血管、改善體質的準備，便可讓症狀緩和下來**。蕁麻有助於改善體質，因此，不妨從冬末就開始服用含有蕁麻的花草茶、保健食品（包含蕁麻粉）或酊劑。

動手做做看

Easy蕁麻料理

蕁麻的味道不重，很適合做成料理食用。想要完全吸收、不浪費任何有效成分得掌握兩個訣竅：①泡蕁麻的水不要丟掉 ②和油一起烹煮。

蕁麻蔬菜濃湯

1 洋蔥切碎，放入鍋中加少許油拌炒，加入去皮、切丁的馬鈴薯一起炒。
2 再加適量水及蕁麻，慢慢燉煮直至蔬菜變軟。
3 倒入食物調理機均勻攪打成糊狀，加鹽調味即可，食用前再淋點大麻籽油。

★也可使用芹菜等香料蔬菜，或是加入雞高湯也很不錯。

Data

學　　名：Urtica dioica
中文別名：咬人貓
日 文 名：セイヨウイラクサ（西洋刺草）
日文別名：スティンギングネトル
科名屬名：蕁麻科蕁麻屬
原 產 地：歐洲、亞洲
作　　用：利尿、淨血、造血
適用症狀：風濕病、花粉症、異位性皮膚炎等過敏疾患，痛風、尿道炎。外用可治創傷、調整膚質、促進毛髮生長
副 作 用：目前尚未發現

基礎保健

強化血管、預防骨質疏鬆的蕁麻粉

做法

將乾燥蕁麻放入食物研磨器中磨成細粉，並使用篩子或濾網稍微過篩，即成。

蕁麻對**造血、強化血管、預防骨質疏鬆症**都有不錯的效果，試試將製作好的蕁麻粉灑一點在優格裡當成早餐吧！

★花草粉氧化的速度很快，需放在密閉容器中，並於兩週之內使用完畢。

令人搔癢難忍的尖刺

蕁麻的葉和莖都佈滿了尖刺（又稱為毛狀體），據說尖刺底部含有會讓人皮膚發炎、發癢的液體，因此若被蕁麻螫到，除了感到疼痛之外，還會奇癢無比。

玫瑰

Rose

分成花瓣「Petal」以及花蕾「Rosebud」兩部分，顏色鮮豔。

保存法

可以冷凍保存喔！

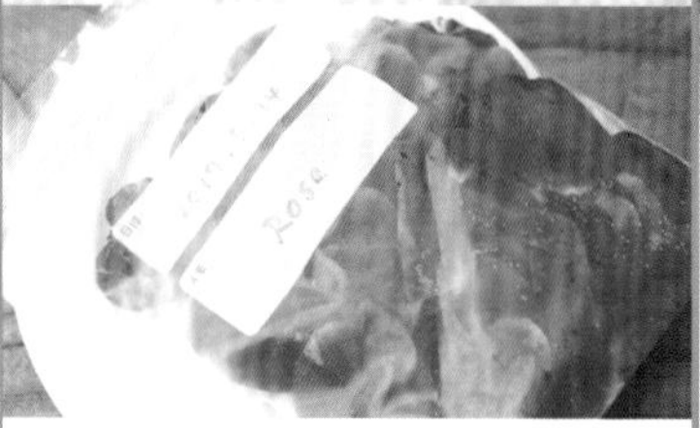

一時間無法馬上用完的新鮮花瓣，也可透過冷凍方式保存。不過，冷凍後的花瓣不論香氣或顏色都會日益減退，所以最好還是盡快使用完畢。

常見品種

可入藥的玫瑰

大馬士革玫瑰（Rosa damascena）

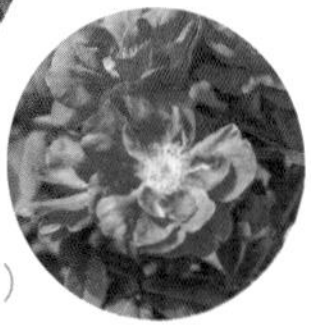

法國玫瑰（Rosa gallica）

大馬士革玫瑰：香氣怡人，是玫瑰精油（rose otto）的來源。
法國玫瑰：為藥用玫瑰的代表，也被稱為藥店玫瑰。
原生種玫瑰（Rose rugosa）：原產於東北亞的原始品種，花瓣和果實皆可利用。

香氣容易流失，保存上要格外注意

鎮靜 收斂

刺激荷爾蒙分泌，提升女性魅力

芬芳四溢的玫瑰素有「香氣女王」封號，為多數女性所鍾愛，據說埃及豔后和法國的瑪麗皇后都是睡在舖滿玫瑰花瓣的床上呢！

玫瑰花含有的香茅醇（citronellol）及香葉醇（geraniol）具有緩和恐懼的作用，可以舒解悲傷不安，讓心情變好。因為有調節女性荷爾蒙分泌的獨特功效，所以也能改善經前症候群或是更年期特有的情緒低落。此外，它還含有具收斂作用的丹寧酸，因此也被用來改善喉嚨黏膜發炎或是消化器官的不適。

目前玫瑰的品種多達四萬多種，但用來做成茶飲或芳療的玫瑰僅有數種，像日本ハマナス等被稱為原生種玫瑰者便是其一。

巧用玫瑰加入日常飲食

ハマナス是日本原產的玫瑰，生長於日本北部的海岸。鮮豔的紅色花朵直徑約5～10cm，為單層花瓣。因為開花後結成的圓型果實貌似梨子，所以被叫做「濱梨ハマナシHAMANASI」，漸漸流傳之後便成了ハマナスHAMANASU。多多利用玫瑰的花瓣來豐富餐桌色彩吧！當怡人的香氣和美麗色彩療癒了心情，一切自然能順心如意。

花釀

玫瑰花釀

花釀是指甜度較高的糖漿，做法是用500ml水加入500g砂糖一起熬煮，當糖溶解後轉成小火慢熬，直到煮成黏稠的糖漿，熄火後加入約一大杯花瓣及一大匙檸檬汁。為利用餘熱讓香氣附著，因此靜置放涼即可，充分降溫後裝入容器再放進冰箱保存，並於一個月內使用完畢。玫瑰花釀除了可以兑蘇打水當成飲料外，也可以加在冰淇淋或優格裡（花釀詳細製作方法請參考P51）。

醋飲

玫瑰醋

將花瓣浸泡在蘋果醋裡，就會變成顏色如此豔麗的玫瑰醋。花瓣的澀味在浸泡過程中會逐漸消失，大約浸泡兩週即可取出，用蜂蜜增添甜味再兑水飲用，就是健康的飲品。

Data

學　　名：Rosa rugosa
日 文 名：ハマナス（濱茄子）
別　　名：ハマナシ
科名屬名：薔薇科薔薇屬
原 產 地：東亞
作　　用：鎮靜、舒緩、收斂
適用症狀：神經過敏、心情低落、便祕、腹瀉、異常出血
副 作 用：目前尚未發現

動手做做看

玫瑰鹽DIY

香氣芬芳、色彩豔麗，令人陶醉的玫瑰鹽不僅可以用來製作沙拉和甜點，也很適合灑在肉類或魚類料理裝飾，還可以用來當成泡澡劑。

材料

玫瑰花瓣5～10g、岩鹽100g、檸檬汁適量

做法

1 將花瓣小心清洗乾淨，並充分擦乾水份。
2 在研磨缽內放入鹽和花瓣稍加混合，研磨至花瓣破裂，出現粉紅色汁液。
3 加入檸檬汁，磨到變成均勻粉紅色。
4 在炒鍋裡舖上烤盤紙，倒入步驟3，開小火耐心慢炒，小心別燒焦了。
5 待完全乾燥即成，因為容易潮濕，需放入密封容器保存。

酊劑

輕鬆享受玫瑰香氣

是以玫瑰花瓣浸泡在伏特加中製成，如果手邊沒有新鮮花瓣，用乾燥玫瑰也無妨。顏色粉嫩、香氣怡人的玫瑰酊劑可以舒緩頭腦和心靈，也能提振心情；因為具有收斂效果，所以也常被應用在化妝水製品。

玫瑰果

Rose Hip

由上至下分別是「新鮮玫瑰果」、「乾燥的玫瑰果切半」及「乾燥的玫瑰果粉末」。因為質地較硬，所以必須花費較長時間才能使成分完全溶解。

果

維生素C是水溶性營養素，泡茶飲用最好

補充維生素C，美肌效果一級棒

玫瑰果為玫瑰開花後結成的渾圓果實（正確來說是屬於一種假果），我們在市面上看到的產品，是將外圍的白毛和中間的種子去除後，再經過乾燥處理製成。

維生素C含量比起檸檬高出數十倍，是玫瑰果最大的特徵。維生素C可以幫助維持肌膚彈力的膠原蛋白合成，避免黑斑及皺紋生成，也是預防感冒、提高身體免疫力的重要營養素。同時含有具抗氧化作用的維生素E、茄紅素、β-胡蘿蔔素，以及有助排便的果膠（pectin）和果酸，可說是美容花草界中的第一名。發燒時或是運動後，也很適合來上一杯玫瑰果製作的茶飲。

複方花草茶 美容養顏

痘痘問題肌膚適用

玫瑰果 + 洛神花

粗糙肌膚適用

玫瑰果 + 德國洋甘菊

對抗細紋適用

玫瑰果 + 接骨木花

美味果醬

將玫瑰果的粉末放入熱水泡開，加入蜂蜜充分拌勻呈糊狀即成，可以直接塗抹麵包，也可以加在優格裡。若是將玫瑰果泡茶飲用，果渣通常還含有些許有效成分，不妨再多加利用。

Data

學　　名	Rosa canina
日 文 名	イヌバラ（犬薔薇）
科名屬名	薔薇科薔薇屬
原 產 地	歐洲、西亞、北非
作　　用	補充維生素C、幫助排便
適用症狀	補充維生素C、預防流感及便祕
副 作 用	目前尚未發現

促進蠕動

檸檬草

Lemongrass

葉 葉子容易割手，要小心

香氣清爽，驅蟲效果佳

檸檬草是泰國、越南、柬埔寨等東南亞國家十分常見的花草，用其莖部較粗的部份做成冬蔭湯或什錦飯，在日本也很受歡迎。

與檸檬很相似的清爽香氣，是源自於檸檬醛（citral）的一種成分，因為含量較多，所以聞起來比檸檬更為濃烈。檸檬醛具有抗菌效果，可以預防傳染病，對食慾不振或消化不良等胃腸失調的症狀也有療效，是生活在炎熱地區者不可或缺的花草植物。目前也已證實檸檬醛具有驅蟲作用。

它的香味是檸檬與草的綜合體，雖味道清新但略顯不足，建議調配成複方花草茶。

複方花草茶 清爽好喝又養生

預防傳染病

胃腸更順暢

安定心緒

酊劑 有助除蟲的居家噴霧

利用檸檬草酊劑製作空間噴霧劑吧！只要在噴霧容器裡倒入5ml檸檬草酊劑，加入95ml純水，充分混合均勻後即成。若加入薄荷酊劑或艾草酊劑調配成複方，除蟲效果會更好。

新鮮花草 檸檬草醬油

在醬油瓶罐裡擺上一支，醬油味道會變得更加清新！

健胃
驅風
抗菌

Data

學　名	Cymbopogon citratus
中文別名	檸檬香茅
日 文 名	レモンガヤ（檸檬萱）
日文別名	コウボウ（香茅）、レモンソウ
科名屬名	禾本科香茅屬
原 產 地	熱帶亞洲
作　用	健胃、驅風、抗菌、改善味道、除臭
適用症狀	食慾不振、消化不良、感冒
副 作 用	目前尚未發現，但塗抹精油製劑時需留意皮膚是否有過敏反應

朝鮮薊

Artichoke

雖然味道很苦，但泡成茶飲喝下，胃部會感到格外舒服暢快！

葉子帶有白色絨毛，外表膨鬆柔軟

獨特苦味有助消化，活化肝臟機能

它是薊的近親，在義大利或法國等地，人們會在花朵還未綻放的花蕾階段便進行採收，以做為食材使用。朝鮮薊的葉片又大又厚，紋路很深，上面還覆有白色細毛。

運用朝鮮薊做成的茶湯味道很苦，對胃腸有刺激作用，可以用來改善消化不良或食慾不振等症狀。此外，它還含有可以幫助肝臟運作的洋薊酸（cynarin），具解毒作用，飲酒前或飲酒過量時，喝一杯朝鮮薊茶也很合適。當身體狀況不佳時，嚐一嚐苦味也是不錯的方法。聽說在越南當地只用花和根泡成茶飲，由於沒有苦味，很受女性歡迎。

酊劑　菜薊苦素有美白的效果

朝鮮薊葉片含有的苦味成分，來自菜薊苦素（cynaropicrin），它能抑制因日曬造成的黑色素增生及肌膚彈力流失等症狀，是目前極受矚目的美白新星。除此之外，其緊縮毛孔的功效據說也已獲得證實。

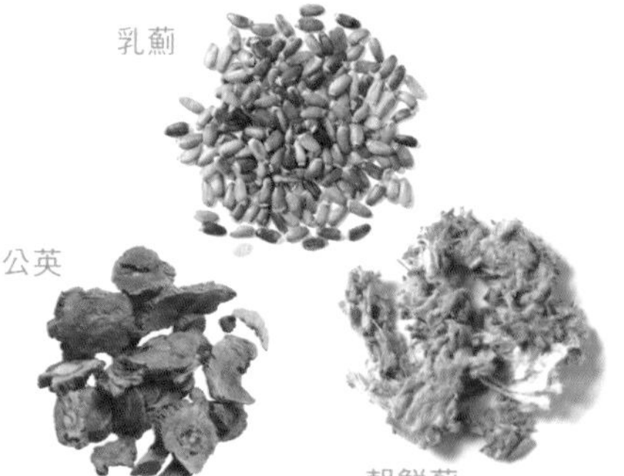

複方花草茶　苦味花草茶三重奏

苦味具有促進胃腸蠕動、強化肝臟機能的作用，其中，蒲公英、朝鮮薊及乳薊便是三種最為人知的強肝花草，而效果最強、味道最苦的是乳薊。如果要讓苦味花草茶變得容易入口，訣竅就是加入少許薄荷。

Data

學　　名	Cynara scolymus
中文別名	洋薊
日 文 名	チョウセンアジミ（朝鮮薊）
日文別名	グローブアーティチョーク
科名屬名	菊科菜薊屬
原 產 地	地中海沿岸
作　　用	促進消化機能、利膽、強肝
適用症狀	消化不良、食慾不振、高血脂症、動脈硬化
副 作 用	目前尚未發現

促進消化

利膽·強肝

錦葵

Common mallow

蘊含豐富黏液，潤澤肌膚與黏膜

錦葵的鮮花呈現嬌嫩的粉色，一旦經乾燥處理便會變成淡紫色。因含有花青素中的一種飛燕草素（delphinidin）這種色素成分，所以剛泡好的茶色會出現像紫羅蘭般的藍紫色，但隨著時間一久慢慢氧化後，即變成粉紅色。顏色的變化豐富了視覺，單單是看著就頗有療癒效果，而花青素還具有抗氧化的作用。

此外，因為含有豐富的黏液，所以錦葵具保護皮膚和黏膜的功效，歐美地區運用它治療喉嚨痛和咳嗽已行之有年，甚至也會用它來改善胃腸不適的症狀。

花

花瓣薄而脆弱，需小心採摘

錦葵經過短時間的乾燥處理就會變成紫色，味道清淡，沒什麼特殊的氣味。

錦葵科植物近親

它們都含有豐富的黏液，是可以有效治療喉嚨痛、胃黏膜發炎，且具美肌功效的花草。

藥蜀葵（Marshmallow）：一般多使用根部。

黑天葵（Black mallow）：主要使用的部位是花朵。

花草茶　享受變色茶飲樂趣

用錦葵沖泡的花草茶一開始會呈現鮮豔的紫色，一旦加入檸檬汁，瞬間就會變成漂亮的粉紅色。

Data

學　　名	Malva sylvestris
中文別名	錢葵、歐錦葵、棋盤花
日 文 名	ウスベニアオイ（薄紅葵）
日文別名	マロウ、コモン・マロウ、ブルー・マロウ、チージーズ
科名屬名	錦葵科錦葵屬
原 產 地	歐洲
作　　用	保護皮膚及黏膜、緩和刺激、軟化
適用症狀	口腔、喉嚨、胃腸及泌尿器官發炎
副 作 用	目前尚未發現

紫錐花

Echinacea

有如青草般的香氣，泡茶飲用喝起來像草本茶，好喝順口。

發生感冒前兆或免疫力下降時，適合飲用

花 葉 莖 根

葉片粗糙，莖與花芯的質地較硬

我們經常在花園裡看到的盛開淺紅色醒目花朵，就是紫錐花。它是北美原住民用來治療蛇咬傷或傳染病的藥草，後來經歐洲進一步研究，證實它也具有增強免疫力的功效；目前人們視紫錐花為近乎醫藥等級的花草，用來治療感冒、流感、疱疹、膀胱炎等因免疫力下降而引起的疾病。此外，由於也有抗菌和消炎的作用，所以也被應用在治療不易癒合的傷口。

不過，若是像花粉症這一類因免疫系統過於敏感的症狀，使用紫錐花可能反而導致惡化，最好避免使用。

酊劑

適合家庭常備的護理品

可使用新鮮紫錐花製作酊劑，乾燥過後的紫錐花也無妨，建議先分裝在附有玻璃滴管的小瓶子裡妥善保存，當感覺免疫力正處於下降狀態時，就能方便地在飲料裡加入幾滴一起喝下。

具觀賞價值的美麗花卉

一般園藝使用的品種，也有許多名為「紫錐花」的近親，這些花朵都十分豔麗醒目，不過它們並不適合入藥。

Data

學　　名	Echinacea purpurea、E.angustifolia E.pallida
中文別名	紫錐菊、松果菊
日 文 名	ムラサキバレンギク（紫馬簾菊）
日文別名	エキナセア、パープレア、
科名屬名	菊科紫錐花屬
原 產 地	北美
作　　用	活化免疫力、傷口復原、抗菌、抗病毒、消炎
適用症狀	上呼吸道感染（感冒、流感）、泌尿系統感染（尿道炎）、不易癒合的傷口
副 作 用	目前尚未發現

抗菌

抗病毒

消炎

接骨木

Elderflower

花

含有豐富花粉是接骨木花的特徵

對抗流感的特效花草

接骨木具備像麝香葡萄一樣的甜香，泡成花草茶很好喝，一般多使用初夏綻放的白色花朵。

除了可以緩解咳嗽、流鼻水及喉嚨痛等症狀，同時具有發汗和利尿作用，所以在感冒或流感初期飲用應可發揮療效。此外，它還含有能抗過敏和改善血液循環的蘆丁，發生打噴嚏、流鼻水、鼻塞等花粉症症狀時也建議使用。使用花草做成的濃縮糖漿被稱為「花釀cordial」，在英國和北歐是很傳統的飲品，其中，接木骨花釀尤其老少咸宜。

動手做做看

接骨木花草蜜 DIY

將花草浸泡在蜂蜜中，使其有效成分溶出，即成花草蜜。做法是將花草裝入茶袋裡（這裡用的是接骨木花），和蜂蜜一起放入耐熱容器，再將容器放入沸水鍋中隔水加熱；當手指伸入蜂蜜感覺具有熱度時即可熄火，靜置放涼。待涼後取出茶袋擰乾，盛入適當容器置放陰暗處保存，並於六個月內使用完畢。

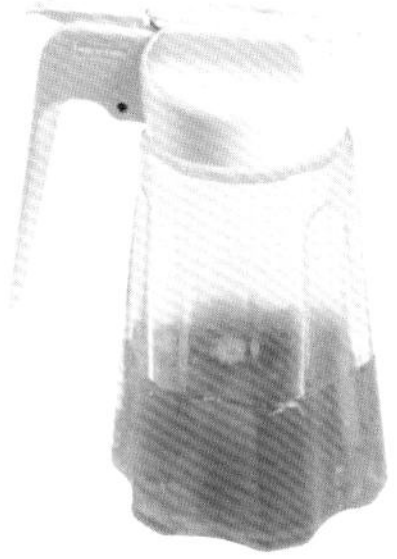

Data

學　　名	Sambucus nigra
中文別名	木蒴藋、續骨木、扞扞活
日 文 名	セイヨウニワトコ（西洋庭常）
日文別名	エルダー
科名屬名	五福花科接骨木屬
原 產 地	歐洲、北非、西亞
作　　用	發汗、利尿、抗過敏
適用症狀	感冒及流感初期症狀、花粉症等的黏膜炎症狀
副 作 用	目前尚未發現

像麝香葡萄般的甜香氣息，沖泡成花草茶也有隱約的甘甜滋味，非常美味。

利尿

抗過敏

西番蓮

Passionflower

花 葉 莖

有如乾草般的香氣，可以搭配任何花草泡成茶飲，帶有微微的苦味。

是繁殖力相當旺盛的蔓性花草

舒心寧神，緩解情緒低落

西番蓮花朵中央的雌蕊看起來就像時鐘的指針一樣，所以在日本又被稱做「時鐘草」。它含有具鎮靜效果的芹菜素及牡荊素（vitexin），可以自身體末稍緩解緊張。此外，名為哈爾滿（harman）和哈爾明鹼（hatmine）的生物鹼類成分，有幫助中樞神經的鎮靜和抗痙攣效果。其特徵是藥效溫和不刺激，連小孩及老人都能安心使用。因壓力或不安等精神因素造成無法入眠或血壓升高時，或是經常出現頭痛、神經痛，反覆出現腹瀉與便祕等腸燥症不適，就來一杯西番蓮花草茶，讓心神安定下來吧！

西番蓮家族成員

西番蓮科的植物非常多種，名稱十分相近的百香果（passion fruit）也是其一。百香果的日文名為「水果時計草」，是亞熱帶地區的原生植物，一般我們食用的是熟果中種子周圍的部份，它富含β-胡蘿蔔素，具備抗氧化功效。

百香果

基礎保健

舒緩頭痛和經痛

西番蓮所含有的成分除了可以安心寧神之外，也具有鎮痛、抗痙攣的作用，當感到疼痛時，建議可以飲用添加了德國洋甘菊和椴樹的複方茶飲；覺得焦慮異常、心神不寧的時候，搭配聖約翰草一起泡茶飲用也很不錯。

Data

學　　名：Passiflora incarnata
中文別名：紫冠西番蓮
日 文 名：チャボトケイソウ（矮雞時計草）、トケイソウ（時計草）
科名屬名：西番蓮科西番蓮屬
原 產 地：巴西
作　　用：（中樞神經方面）鎮靜、抗痙攣
適用症狀：心神不寧、精神官能症、身心緊張及因緊張伴隨而生的失眠、腸燥症、高血壓、心神不寧、精神官能症、失眠和高血壓
副 作 用：目前尚未發現

鎮靜

抗痙攣

覆盆子葉

Raspberry Leaf

葉片背面呈白色，是它的特徵

滋養骨盆與子宮肌肉，守護女性健康

覆盆子是大家十分熟知的水果，然而，它的葉子也很適合女性泡成花草茶飲用喔！在歐洲還被稱為「幫助順產的茶」。

覆盆子葉含有具收縮和收斂作用的丹寧酸，以及緩解肌肉痙攣的成分，可以達到調節子宮和骨盆周邊肌肉的功效。因此，人們對它緩解分娩前陣痛、幫助母體產後恢復的效果寄予厚望，從懷孕第七週左右開始飲用，效果應該不錯。

另外，覆盆子葉也有鎮痛作用，對於經痛、經前症候群等不適有舒緩效果；同時含有美白成分「鞣花酸」（ellagic acid），對女性而言是很理想的花草茶材料。

整片

味道微澀，喝起來有如番茶（一種日本綠茶，是以煎茶摘採後剩下較硬的葉片與莖部製成，味道清爽）。經乾燥後的覆盆子葉，質地較為軟綿膨鬆。

舒緩經痛與經前症候群

生理期不適時盡量不要使身體受涼，少喝糖份高的清涼飲料。建議飲用可以緩解骨盆周遭疼痛的**覆盆子葉茶**，或是具鎮靜、抗痙攣作用的德國洋甘**菊茶**；心情低落可喝點**聖約翰草茶**或**西番蓮茶**，透過享受茶飲的過程讓自己慢慢放鬆，對身體也有幫助。如果可能的話，在月經報到前約一週左右開始持續飲用，應該就會比較舒服；配合可調節女性荷爾蒙分泌的玫瑰香氛，像是泡個香氛澡也很不錯。

複方花草茶

解決黑斑、雀斑困擾

含有鞣花酸的覆盆子葉，具有桑黃酮的桑葉，以及富含維生素C的玫瑰果，將以上具美白效果的花草調配成複方花草茶，有助減少色素沉澱，對抗黑斑、雀斑等肌膚狀況。

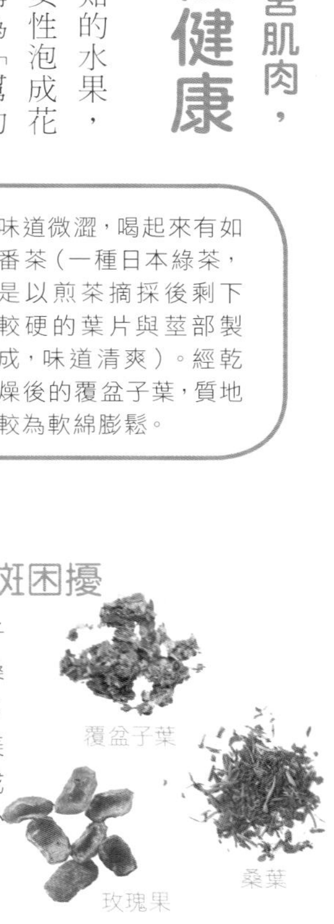

鎮靜　抗痙攣　收斂

Data

學　　名	Rubus idaeus
中文別名	木莓、樹莓
日 文 名	ヨーロッパキイチゴ、エゾイチゴ
日文別名	レッドラズベリー
科名屬名	薔薇科懸鉤子屬
原 產 地	歐洲、北亞
作　　用	鎮靜、抗痙攣、收斂
適用症狀	經痛、經前症候群、孕婦備產、腹瀉、口腔黏膜發炎
副 作 用	目前尚未發現

洛神花

Hibiscus

乾燥品

新鮮洛神花

據傳1964年東京奧運的馬拉松比賽中，衣索比亞的阿比比選手（AbebeBikila）就是因為飲用了洛神花茶，而奪得金牌。

花

一般利用的是花朵後方肉質較厚實的花萼部份

獨特酸香，驅趕疲勞

可說是色彩最美麗的花草，泡成茶湯後所呈現的紅寶石色，來自身為花青素色素之一的洛神花色素（hibiscin），不僅具有抗氧化作用，漂亮顏色也有令人放鬆的效果。

洛神花富含檸檬酸、蘋果酸、洛神花酸等植物酸，因此有著味道極酸的特徵，不過這些植物酸都具有促進熱量代謝、幫助身體從疲勞中恢復的作用。另含有黏液、果膠、鐵、鉀等多種成分，如果能在洛神花茶中添加含有豐富維生素C的玫瑰果一起飲用，不但營養更完備，味道也會更好。

花草點心

自然色澤為甜點加分

擁有豔麗飽和的色澤，是洛神花茶的一大魅力！在茶湯中加入吉利丁粉後，靜置待涼凝結後，便可完成保有顏色和風味的果凍，很適合搭配優格食用。

Data

學　　名：Hibiscus sabdariffa

中文別名：玫瑰茄、洛神葵、洛花、紅葵、萼葵

日 文 名：ローゼル、ロゼリソウ

科名屬名：錦葵科木槿屬

原 產 地：西非

作　　用：促進代謝、促進消化、有助排便、利尿

適用症狀：身體疲勞、眼睛疲勞、食慾不振、便祕、感冒、上呼吸道黏膜炎、循環不良

副 作 用：目前尚未發現

促進消化

促進排便

利尿

椴樹

Linden

花 葉

擁有像包覆住花朵般的葉形苞片

用途廣泛的寧神花草

椴樹是德國柏林街上種植的行道樹，屬落葉喬木，自古以來便是歐洲製作樂器的材料。每當六月一到，白色的花朵盛開，鄰近之處會飄散著一股甘甜香氣，是優質的花蜜來源。

椴樹花朵有鎮靜、發汗、利尿的作用，常被用來治療感冒或流感。因含有丹寧酸和黏液，所以對喉嚨不適和咳嗽也有療效。它甜香的氣息可以舒解緊張和不安，使人放鬆心情，具有緩和心緒不安的效果。以椴樹調配的花草茶相當好喝，不論小孩或年長者都推薦飲用。

前東德郵票上所描繪的椴樹姿態

帶有微微甜味，葉脈和葉柄較硬，放進茶壺沖泡時需先用剪刀剪成小片。

世界名曲也有它！

舒伯特在1827年創作的《冬之旅》系列作品中，其中就有一首名為《Der Lindenbaum》（中譯為菩提樹）的樂曲。這首在合唱中常聽到的名曲耳熟能詳，內容歌頌的便是椴樹，也是一首能觸發思鄉情緒的曲子。

有助安撫情緒不安的孩子

當小孩心神不寧或情緒不安時可以運用椴樹，它甜香的味道可以緩和興奮和躁動的情緒，具有舒解緊張的作用。椴樹花草茶好喝又順口，混合柳橙汁一起飲用也很不錯。

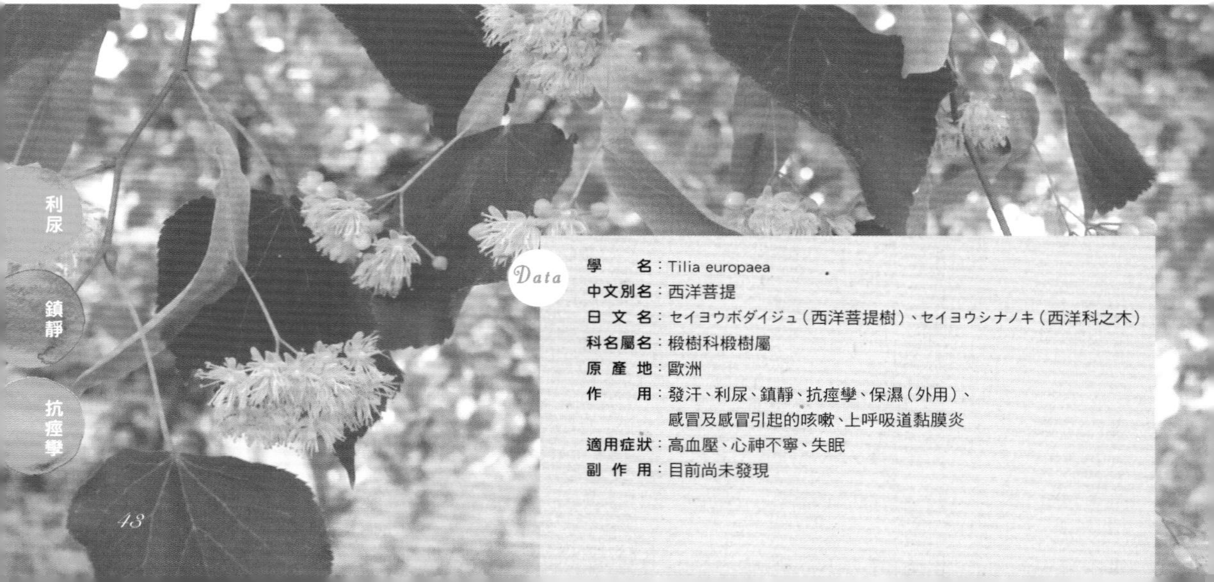

利尿

鎮靜

抗痙攣

Data

學　　名：Tilia europaea
中文別名：西洋菩提
日 文 名：セイヨウボダイジュ（西洋菩提樹）、セイヨウシナノキ（西洋科之木）
科名屬名：椴樹科椴樹屬
原 產 地：歐洲
作　　用：發汗、利尿、鎮靜、抗痙攣、保濕（外用）、感冒及感冒引起的咳嗽、上呼吸道黏膜炎
適用症狀：高血壓、心神不寧、失眠
副 作 用：目前尚未發現

番紅花

學　名：Crocus sativus
中文別名：藏紅花、西紅花
科名屬名：鳶尾科番紅花屬
原 產 地：地中海沿岸

含有水溶性黃色色素的雄蕊，被用於料理調色或染料，烹調西班牙海鮮飯時不可缺少。具有促進血液循環和鎮靜的作用，用以治療經痛和體寒。

奧勒岡

學　名：Origanum vulgare
中文別名：牛至、花薄荷
科名屬名：唇形科牛至屬
原 產 地：地中海沿岸

與番茄非常速配，是義大利料理不可或缺的香草，其有如薄荷般的香氣在乾燥後會越發濃郁是最大特徵。有抗菌、防腐的作用，常被應用於消化或呼吸系統的不適症狀。

細香蔥

學　名：Allium schoenoprasum
中文別名：蝦夷蔥、小蔥
科名屬名：蔥科蔥屬
日文別名：シブレット
原 產 地：中亞、溫帶地區

是蔥的近親，香氣溫和，用法和日本細蔥相同。粉紅色的花也可用來做為料理裝飾或加在醋品裡。具有增進食慾、修復疲勞的效果。

細葉香芹

學　名：Anthriscus cerefolium
中文別名：洋芫荽、法國香菜
科名屬名：傘形科歐芹屬
原 產 地：歐洲、西亞

被稱為「美食家的洋香菜」，是法國料理中用來調味的重要香草之一，其特色是帶有香甜的氣味，也被運用做為糕點裝飾。可以用來緩解消化不良，或預防感冒。

香芹

學　名：Petroselinum crispum
中文別名：巴西里、荷蘭芹、歐芹
科名屬名：傘形科歐芹屬
原 產 地：地中海沿岸

擁有豐富的維生素和礦物質等營養素，如果只用來裝飾料理實在是太可惜了！適當食用可促進消化、整頓腸胃、美容養顏、預防貧血及生活習慣病。

蒔蘿

學　名：Anethum graveolens
中文別名：洋茴香、野茴香
科名屬名：傘形科蒔蘿屬
原 產 地：西南亞、南歐

帶有清爽的芳香，歐洲人自古以來喜歡用它為魚肉料理調味，可說是「魚料理專用花草」。具有幫助消化吸收、促進母乳分泌的效用。此外，醃製醬菜時也會用蒔蘿種子調味。

馬鬱蘭

學　　名：Origanum majorana
中文別名：馬喬蘭、馬玉蘭
科名屬名：唇形科牛至屬
原 產 地：地中海沿岸

馬鬱蘭在古羅馬時代被視為象徵幸福的花草，其甜味比同屬的奧勒岡更濃烈。具鎮靜作用，可治療頭痛、失眠和促進消化，也是常見的精油種類。

金蓮花

學　　名：Tropaeolum majus
中文別名：旱金蓮、旱荷蓮
科名屬名：金蓮花科金蓮花屬
日文別名：キンレンカ
原 產 地：中南美

鮮豔的花朵和葉子可以為沙拉料理更添色彩。葉子和種子含有類山葵的辛辣成分，香氣獨特。含有維生素C和鐵，被用來治療感冒及呼吸系統方面的毛病。

月桃

學　　名：Alpinia zerumbet
中文別名：玉桃、良姜、虎子花
科名屬名：薑科月桃屬
原 產 地：東南亞

是在沖繩等地自然生長、抗氧化效果很強的花草，它擁有強大的抗菌、防腐作用，葉片也常被用於包裹食物，其甘甜的辛香味可以緩解身心緊張。

洋蓍草

學　　名：Achillea millefolium
中文別名：千葉蓍
科名屬名：菊科蓍屬
日文別名：セイヨウノコギリソウ
原 產 地：歐洲

自古希臘時代便被稱為「士兵的傷藥」，用於止血、消炎，是治療傷口的常備藥。味道略苦，可以有效改善食慾不振或消化不良。

香葉天竺葵

學　　名：Pelargonium graveolens
中文別名：玫瑰天竺葵
科名屬名：牻牛兒苗科天竺葵屬
日文別名：センテッドゼラニウム
原 產 地：南非

香葉天竺葵的香氣近似玫瑰，是芳療常見的精油種類。它有驅蚊除蟲的效果，還可調節荷爾蒙分泌、皮脂分泌及自律神經等。

檸檬香蜂草

學　　名：Melissa officinalis
中文別名：蜜蜂花
科名屬名：唇形科蜜蜂花屬
日文別名：メリッサ
原 產 地：南歐

遠從古希臘時代，檸檬香蜂草的藥效就倍受重視，人們會用來當調味料、香氛和泡澡劑等。具鎮靜作用，可改善神經性胃炎、食慾不振及失眠。

檸檬馬鞭草

Data
學　　名：Aloysia triphylla
中文別名：馬鞭梢、鐵馬鞭
科名屬名：馬鞭草科防臭木屬
日文別名：ベルベーヌ
原 產 地：南美

其柑橘香氣可以促進消化器官的運作，具有溫和的鎮靜作用，餐後飲用一杯檸檬馬鞭草茶放鬆片刻最是合適！另外，它也經常是製作香皂的原料。

亞麻

Data
學　　名：Linum usitatissimum
科名屬名：亞麻科亞麻屬
日文別名：アマ
原 產 地：中亞

是人類自西元前便已開始栽種的花草，其種子含有大量膳食纖維，可以改善腸道環境。此外，食用以亞麻種子榨取的油品，具有預防生活習慣病及提升免疫力的效果。

毛蕊花

Data
學　　名：Verbascum thapsus
中文別名：牛耳草、大毛葉
科名屬名：玄參科毛蕊花屬
日文別名：バーバスカム、ムーレイン
原 產 地：地中海沿岸、亞洲

從覆蓋著灰色絨毛的葉片中長出黃色花朵，看起來就好像聖母手持的蠟燭一樣，所以也被叫做「聖母的蠟燭」。具有鎮咳化痰的功效，最適合治療呼吸道方面的不適。

纈草

Data
學　　名：Valerianaofficinalis
中文別名：馬蹄香
科名屬名：敗醬科纈草屬
日文別名：セイヨウカノコソウ
原 產 地：歐洲

是自希波克拉底（被稱為醫學之父）的時代就被用來治療失眠的花草，經乾燥處理後的根部帶有強烈氣味，是它的一大特徵。可緩解肌肉緊張，治療神經性的睡眠障礙。

檸檬香桃

Data
學　　名：Backhousia citriodora
中文別名：檸檬石榴
科名屬名：桃金孃科香桃木屬
原 產 地：澳洲

檸檬香桃木是澳洲原住民珍視的花草，帶著有如檸檬般清新的香氣。具有抗菌、除臭的作用，也被用來製作肥皂和洗髮精。

蔓越莓

Data
學　　名：Vaccinium macrocarpon
　　　　　Vaccinium oxycoccos
中文別名：小紅莓
科名屬名：杜鵑花科越橘屬
原 產 地：歐洲、北美

極酸的紅色果實常是製作果醬或醬汁的原料，自古以來人們就用它預防膀胱炎、尿道炎、尿道結石及補充維生素C等，通常會以果汁或萃取物形式食用。

Part2

食藥兩用養生食材

藥食同源，讓餐桌食物成為最天然的醫生

所謂「藥食同源」，是指健康的根源在於飲食的內容，非常適合生長在文明時代、餐餐飽食的人們用來重新審視自己的飲食。

不過，在日本的飲食文化裡其實早已包含許多飲食的智慧和慣例，比方酷暑時多使用蔥和薑等佐料，不但不會破壞食物的味道，還有刺激腸胃、增進食慾的效果；在迎接冬季到來的冬至時分攝取富含維生素C、E及胡蘿蔔素的南瓜，或是泡柚子澡，都能讓身體核心溫暖起來，預防感冒，還能藉由柚子香氣趕走一年的壞運。類似這樣，先人們無不透過自身經驗了解食材特有的功效，所以說，自古以來就已經具有藥食同源的概念了。

如今的營養學已十分發達，種種健康情報也都唾手可得，譬如「綠花椰菜有抗癌作用」、「洋蔥有淨化血液的效果」等，蔬菜中所含有的微量營養素已然蔚為話題。舉凡排排站在餐桌上的蔬菜及辛香料，均含有植物化學成分，具有促進血液循環和抗氧化等功效。

然而，想讓這些微量成分有效地為人體所吸收，必須掌握兩個重點：

1.「吃當季食物」，當季是指該蔬菜最盛產的時節，因為這時植物化學成分的含量最豐富。

2.「盡量選擇在地食材」，離產地越近，取得的食材越自然新鮮，新鮮蔬菜的有效成分含量也更多。

使用當季、在地食材製作的家庭料理，並非源自營養學的知識，而是始於藥食同源的概念。接下來，請在菜餚裡多多加入像生薑或大蒜等香氣十足的蔬菜，讓身體的機能日益強化吧！

薑

根 莖

收後時間越久，味道越辛辣

促進血液循環，改善寒性體質

不論是印度的阿育吠陀、印尼草藥或是中國中藥，薑自古以來就在世界各地被做為藥物使用；在日本，則是自奈良時代便開始有栽種薑的歷史。

薑的辛辣氣味來自名為薑辣素（gingerol）、薑烯酚（shogaol）及薑油酮（zingeron）的成分，具促進血液循環的效果，可以提高新陳代謝，讓身體溫暖。由於體溫上升能改善體寒狀況，所以免疫力也會隨之增強。此外，因薑有殺菌、抗菌的功用，也常被加在肉類和魚類料理中一起食用，以預防食物中毒，在感冒初期喝薑湯的習慣也是由於此一功用。薑的香味成分——薑萜（zingiberene）還具有健胃功效，多種有效成分彼此相輔相成，其食用效果讓人十分期待！

乾薑 辛辣成分會產生變化

生薑中含有的辛辣成分「薑辣素」，經過加熱或乾燥後會變化成為薑烯酚。薑烯酚具有刺激腸胃、溫暖身體核心的作用，所以乾薑對於寒性體質者，會有更好的效果。進行乾燥處理時，務必使用帶皮薑，將其切成薄片並排在濾篩上置於太陽底下曬乾；若是使用微波爐，請視情況加熱6～7分鐘烘乾，不過，經日曬的乾薑風味較佳。

薑粉

在與薑表面環節平行處下刀，可以切斷薑的纖維，香味和辣味會更明顯！

收穫期不同，型態也不一樣

只要將種薑種入土壤裡就可以結出大量的新薑，成長茁壯。在初夏時分產出的「葉薑」，一般食用的是種薑新長出的柔軟根莖部份；接下來再採收的「嫩薑」，顏色較淡，芽的部份還帶著粉色是其特徵；於秋天收成的「根薑」，因為容易保存，方便長時間在市面上販售，也稱作「老薑」。

嫩薑

葉薑

促進消化
利膽・強肝
消炎
鎮痛

認識花釀二三事

在古希臘時代，人們會將花草浸漬在酒精裡，再加水稀釋飲用，以便修復疲勞、補充元氣，此即花釀的起源。然而，今時今日人們不再使用酒精，而是**運用甜度很高的糖漿來萃取花草成分**。依據所用的花草種類與形狀不同，浸漬於糖漿的時間也必須適度地調整，使用的砂糖份量和種類也可依個人喜好，像是細砂糖可以幫助上色，甜菜糖等含多種礦物質的糖，則有助豐富味道層次。製作時**最後加入檸檬汁的步驟，有代替防腐劑的作用**。

花釀除了可以兌入水、碳酸飲料、熱水、酒類或牛奶等飲料稀釋飲用之外，還可以當成醬汁淋在優格、鬆餅、冰淇淋、刨冰或是果凍等甜點一起享用。

複方花草茶

加進自己喜歡的花草茶裡吧！

感冒初期、花粉症適用

薑 + 接骨木花

經痛或失眠時

薑 + 德國洋甘菊

感到疼痛時

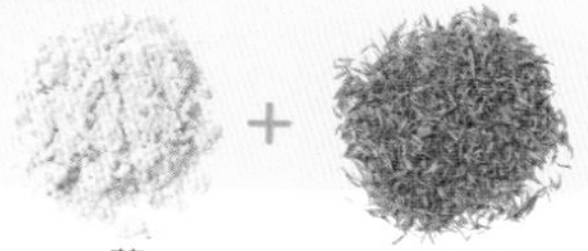

薑 + 百里香

Data

學　　名：Zingiber officinale
中文別名：薑母
日 文 名：ショウガ（生姜）
日文別名：ハジカミ（薑）、ジンジャー
科名屬名：薑科薑屬
原 產 地：印度、中國
作　　用：促進消化機能、利膽、抑制嘔吐、強心、消炎、鎮痛。
適用症狀：消化不良、孕吐、暈車、暈船、暈機、關節炎等發炎症狀
副 作 用：目前尚未發現

動手做做看

製作薑釀 Step by Step

1. 將200g薑仔細清洗乾淨，帶皮切成薄片，放入鍋中加水400ml，開小火煮約15分鐘，期間不時攪動。也可依個人喜好添加豆蔻、肉桂、丁香或月桂葉等香料。
2. 在步驟1中加入砂糖200g慢慢攪拌均勻，待砂糖溶解後加入約一顆檸檬汁份量，熄火。
3. 以濾網過濾並放涼，倒入乾淨容器裡冷藏保存，並於2～3週內使用完畢。

★若是使用乾薑，須以小火熬煮3分鐘左右後再蒸5分鐘，續加入砂糖再以小火熬煮，5分鐘後加入檸檬汁即熄火。

★用完的薑片殘渣切成碎末，加入醬油、柴魚片或芝麻，就是方便佐飯的配料了，也可以加進飯團裡增味。

薑黃

Turmeric

根 莖

其中的薑黃素可以提取出鮮黃色的色素

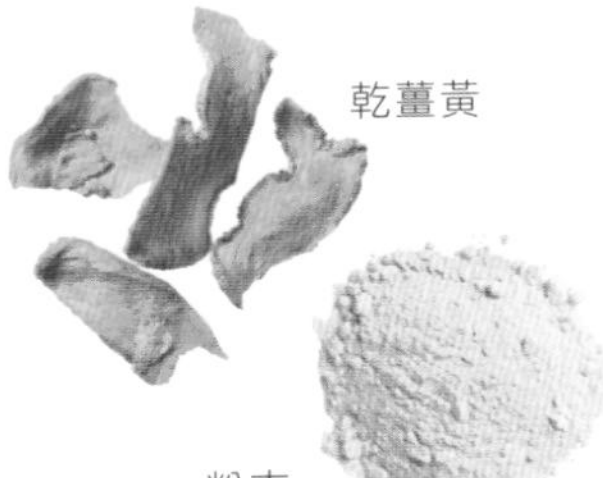

薑黃味苦，帶有混合著柳橙與薑的香氣是它的特徵。

薑黃素具抗氧化功效，可改善肝臟機能

薑黃也叫鬱金，和薑一樣都是代表亞洲的花草種類。像咖哩這類呈現自然鮮黃色澤的食物，便是用薑黃的色素成分「薑黃素」染色而成。

薑黃素具有促進肝臟及膽囊機能的功效，可以強化肝臟的解毒作用，增加膽汁分泌，因此能降低膽固醇、預防酒精引發的肝炎，可說是護肝聖品。此外，薑黃素也有抗氧化及抗發炎的作用，從食材到外用藥都能派上用場，用途十分廣泛。

基礎保健　養生藥酒 Easy 做

藥酒和酊劑一樣，都是藉由酒精將花草的有效成分溶解而出，但因為是當成飲料，所以大多時候都會添加糖份讓風味更佳。如果不愛甜食也可不加糖，不過糖份一方面也扮演著催化酒精熟成的作用。可依個人喜好選用細砂糖、冰糖、蜂蜜或黑糖等糖類。酒精度數越高，成分越容易溶出，因此建議使用白酒、伏特加、琴酒或蘭姆酒等酒類。只需將切成薄片的薑黃，加入糖和酒，放置一年左右熟成，就會變成金黃色的薑黃酒囉！

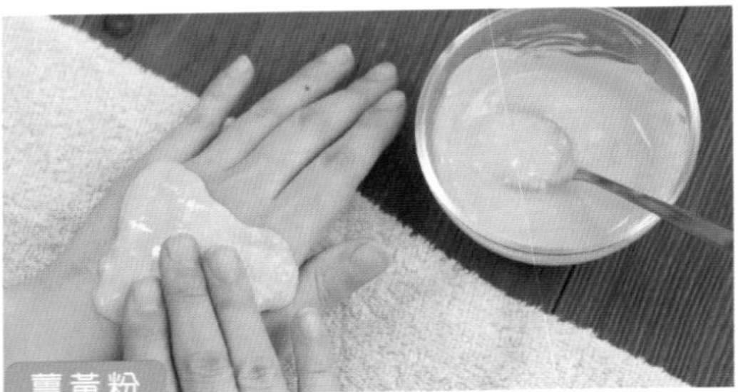

薑黃粉

美肌面膜 DIY

薑黃中的薑黃素能帶來美肌效果，只要在原味優格裡加入薑黃粉，就是方便又簡單的面膜了，日曬過後或覺得肌膚粗糙時都適合使用。也可以用薑黃茶來替代薑黃粉。

Data

學　　名	Curcuma longa
中文別名	黃薑
日 文 名	アキウコン（秋鬱金）
日文別名	ターメリック
科名屬名	薑科薑黃屬
原 產 地	熱帶亞洲
作　　用	利膽、強肝、消炎
適用症狀	消化不良
副 作 用	目前尚未發現

利膽・強肝

消炎

杏桃

Apricot

種 果

有人說杏仁味道聞起來像藥，其實它就是藥物的一種

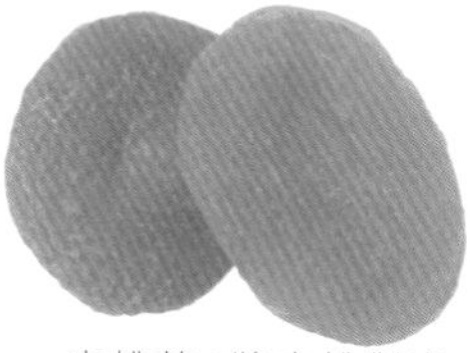

杏桃乾：將杏桃對半剖開，去除種子後經乾燥處理的產品

種子內的果仁（位於中間的部份）

認識苦杏仁苷

像杏桃、梅子、桃子、枇杷等薔薇科果實中都含有苦杏仁苷，這種成分主要存在於種子的核仁部份，帶有毒性。不過，一旦果實成熟後，苦杏仁苷就會消失。此外，例如梅乾、梅酒等製品中的苦杏仁苷，在加工後便會進行分解，所以大可放心食用。

基礎保健

養生杏桃酒

將新鮮杏桃果實連同砂糖一起浸在白酒裡，便成了杏桃酒，具有滋補強身的效果，可改善寒性體質，最適合放假前夕小酌一杯。

Data

學　　名：Prunus armeniaca
中文別名：アンズ（杏子、杏）、カラモモ（唐桃）
日 文 名：アプリコット
科名屬名：薔薇科李屬
原 產 地：中國北部
作　　用：化痰、止咳、滋補強身
適用症狀：咳嗽、有痰、體寒、疲勞

有助止咳的成分，就藏在種子裡

從杏桃的黃色果肉便可得知它含有豐富的β－胡蘿蔔素，因此有助人體發揮抗氧化的作用。此外，它也含有許多蘋果酸、檸檬酸等植物酸，可以幫助人們從疲勞中恢復。比起新鮮杏桃，乾燥後的杏桃營養價值更高，不過熱量也高，要留意別吃過量了。

從杏桃種子中取出的「杏仁」，含有名為「苦杏仁苷」（amygdalin）的成分，具有止咳化痰的功效。將杏仁磨碎後榨出的白色汁液，加入寒天凝固後即是杏仁豆腐，原本就是一道藥膳。另外，杏桃有許多品種，其中有些是以食用果肉為目的而改良的品種，此種杏桃種子較小，並不適合用來採集杏仁。

化痰　止咳　滋補強身

芫荽

擁有令人容易
上癮的獨特香氣

葉片

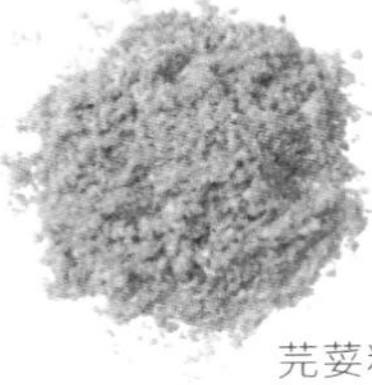
芫荽籽粉

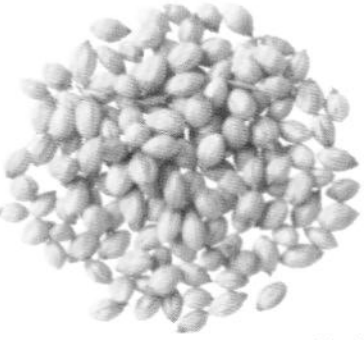
整顆芫荽籽

冷凍乾燥後的芫荽葉片只要泡水就可以回復原狀，十分方便；其種子「芫荽籽」是咖哩不可欠缺的香料之一，有研磨成粉末狀，也有整顆完整的。

促進消化

驅風

抗氧化！

有助排出人體有害物質

異國料理日漸普及後，食用芫荽的機會也變多了。有如義大利洋香菜的綠色葉子，具有很高的營養價值，富含多種具抗氧化作用的維生素，因此芫荽的排毒效果也成為大家討論的話題。由於帶有會讓人聯想到椿象的獨特味道，所以人們對它的好惡也相當分明，不過，這種氣味的來源其實含有多種有效成分。除了癸醛（decanal）之外，還有芳樟醇以及α-蒎烯（α-pinene）等，都是在柑橘類食物中含量很多的成分。除了具有健胃、驅風的作用之外，也可以抗菌、抗痙攣。而癸醛經過乾燥後，氣味便會消失殆盡。

動手做做看

試著在沙拉料理中加入大量的芫荽吧！

芫荽與柑橘類搭配最對味！其特殊香氣和柳橙或檸檬的味道，拌在一起後會變得清爽無比。

材料（2～3人份）

芫荽1把、中型番茄2顆、小黃瓜1根、紫洋蔥1/4顆、柳橙1/2顆、檸檬汁1/2顆、鹽與胡椒粉適量

做法

1 蔬果材料清洗乾淨。
2 將芫荽切成1～2cm的小段；番茄、小黃瓜、紫洋蔥、柳橙均切成1.5cm小丁。
3 全部材料放入大碗裡充分混合均勻，加檸檬汁、鹽和胡椒粉調味即成。

自製芫荽油

煎肉或煎魚時，加入少許有提味效果，夾在三明治裡也很美味。製作時不妨加上自己喜歡的調味料，享受自由搭配的樂趣。

材料

芫荽1把、大蒜1/2瓣、辣椒2根、橄欖油1大匙、胡椒粉適量

做法

1 芫荽清洗乾淨，瀝乾水份。
2 芫荽切成1～2cm小段，放入大碗中，加入切成碎末的大蒜和辣椒，橄欖油以繞圈方式淋入。
3 讓全部材料均勻被油浸漬，再加鹽和胡椒調味。

Data

學　　名：Coriandrum sativum
中文別名：臺灣香菜
日 文 名：コエンドロ
日文別名：コリアンダー、シャンツァイ（香菜）、カメムシソウ
科名屬名：傘形科刺芹屬
原 產 地：地中海沿岸
作　　用：促進消化、驅風
適用症狀：消化不良、食慾不振、便祕
副 作 用：目前尚未發現

千萬別浪費根部！

芫荽根可以熬出美味的醬汁，經常被用在異國湯品料理中。此外，直接下鍋油炸，熱熱地吃也很對味。

香草酒

製酒風味佳

芫荽籽的外殼很堅硬，需先壓破再用來泡酒。它的香味就像柳橙般香甜，可以試著使用蘭姆酒浸泡，用來為雞尾酒或糕餅增添香氣，最是合適。

辣椒

Pepper

「鷹爪辣椒」果實是向上生長的

促進血液循環，增加新陳代謝

全世界辣椒品種千奇百樣，形狀和辣度都各有不同，在日本，比較辛辣的「鷹爪」是一般常見品種之一。

辣椒的辛辣成分「辣椒素」（capsaicin）可以刺激腸胃，提升消化器官的運作，所以經常被當成是辛辣的健胃藥物，用以增進食慾。因為能促進血液循環、具鎮痛效果，因此也做為外敷用，治療跌打損傷。不過，辣椒素的效用較強，一旦使用過量會造成胃腸或皮膚損傷。

辣椒果實中支撐種籽的白色囊膜含有較多辣椒素，使用時可以去除來調節辣度。

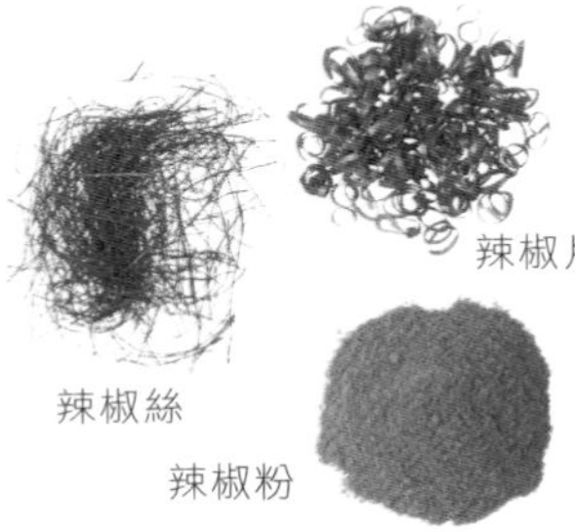

辣椒絲是以縱切方式，而辣椒片是以橫切的方式下刀，至於辣椒粉顆粒有粗有細，從粉末狀到粗粒狀都有。

辣度比一比

辣椒的辛辣成分來源是支撐種籽的白色囊膜（胎座組織），所以種籽的部份最辣。果實即將成熟前，辣度最高；與紅辣椒相比，青辣椒更辣。此外，如果切成細末，辛辣成分會從切面滲出，辣度會更強烈。

健胃

鎮痛

酊劑

辣椒酊劑妙用多

胃痛或肩頸僵硬時，不妨借助辣椒的力量吧！用4～10倍的純水稀釋，直接塗抹於患部或是以紗布濕敷皆可。因刺激性較強，若使用在臉部或皮膚等較脆弱的地方或傷處時，請務必小心，沾到酊劑的手或器具也要徹底清洗乾淨。如果是使用伏特加製作的酊劑，則可內服，但濃度過高時會傷胃，需特別留意。而稀釋過的辣椒酊劑，也很適合做為園藝用噴劑，灑在植物上有防止病蟲害的作用。

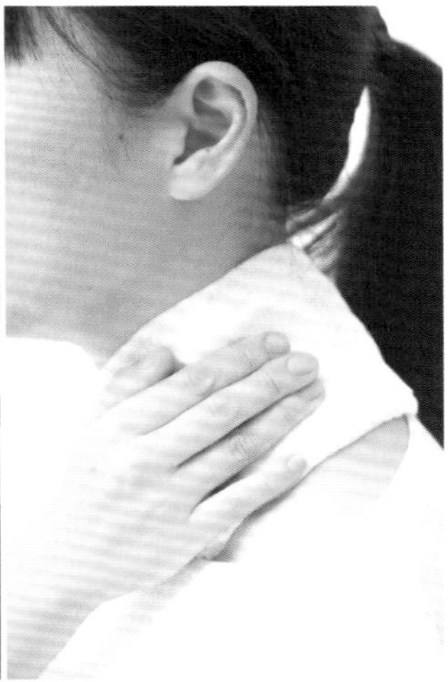

簡單自製辣椒醬油

將新鮮的青辣椒切成細末，加進醬油裡醃漬，搭配肉類或魚類都很對味喔！

★處理過生辣椒後，要注意手可別搓揉或碰觸眼睛四周。

認識辣椒紅素（capsanthin）

辣椒紅素和辣椒素很相似，但辣椒紅素其實是色素成分的名稱，它是辣椒或紅色甜椒中所含的紅色色素，為類胡蘿蔔素的一種，具有抗氧化的作用。

常見品種

豐富多樣的「在地」辣椒

世界各地的辣椒品種多不勝數，日本國內也有眾多品種，其中有些還被視為在地的傳統蔬菜，無論是形狀或辣度，都各有不同。

神樂南蠻
這是新瀉縣長岡市的傳統蔬果，雖然外形像青椒，但它具有一定辣度。

清水森ナンバ
青森縣的傳統蔬菜，是辣味較為溫和的辣椒。

島唐辛子
是產自沖繩縣的傳統蔬菜。

Data

學　　名	Capsicum annuum
日 文 名	トウガラシ（唐辛子）
日文別名	カイエンペッパー
科名屬名	茄科辣椒屬
原 產 地	南美
作　　用	健胃、鎮痛、局部充血
適用症狀	食慾不振、肌肉疼痛、神經痛等
副 作 用	少數人會有蕁麻疹過敏反應

紫蘇

Shiso

葉 花 果

泡成茶飲後，紫蘇的香氣仍十分濃郁，味道卻很清爽

富含必需脂肪酸的紫蘇油

紫蘇種子榨成的油含有必需脂肪酸中的α-亞麻酸（α-Linolenic acid），被認為可以改善過敏症狀和預防高血壓，與魚肉裡含有的脂肪DHA和EPA同屬Omega-3（n-3）脂肪酸，是現今倍受世人矚目的油品。

「穗紫蘇」指的就是紫蘇的花穗，將花蕾捋除後可做為調味料。開花後的果實就是蘇子，可加鹽或醬油醃漬後使用。

抗菌　止咳　鎮痛

有效對抗氧化

赤紫蘇色素成分

紫蘇分成綠色葉子的青紫蘇，以及紫色葉子的赤紫蘇，在日本自繩文時代就已經開始為人類所用。它的生命力很強，種子四處散溢、野地裡也能自然生長；不過，不同的品種和栽種環境會讓紫蘇的香氣大不相同。

紫蘇清爽的香氣源自於紫蘇醛（perillaldehyde）、α－蒎烯及檸檬烯（limonene）等成分，具抗菌效果，通常被作為生魚片佐料，搭配生食一起食用。除了可以當成有香氣的健胃藥物之外，也具發汗與鎮咳的功效，所以對感冒初期症狀有療效。此外，赤紫蘇就是中藥裡名為「蘇葉」的藥材。

基礎保健

手工紫蘇茶 Easy 做

將紫蘇葉清洗乾淨後，一一攤在篩子上不要重疊，放在通風良好、太陽無法直射的陰涼處，待風乾到葉片呈現乾鬆狀態即可。注意別乾燥過度，顏色會變淡。在感冒初期或食慾不振、感覺渾身無力時，用來泡茶飲用最適合。

Data

學　名：Perilla frutescens
日文名：蘇葉
日文別名：アカジソ（赤紫蘇）
科名屬名：唇形科紫蘇屬
原產地：中國南部、喜瑪拉雅山、日本
作　用：抗菌、防腐、發汗、解熱、止咳、鎮痛
適用症狀：預防食物中毒、支氣管炎、感冒
副作用：目前尚未發現

用赤紫蘇製作梅乾吧！

赤紫蘇具有強力的防腐與殺菌作用，可以提高梅乾的保存期。此外，屬藍紫色色素「花青素」其中一員的紫蘇寧（shisonin）會與梅子的酸產生作用，變成鮮豔的紅色，為梅子更添美麗色彩。而醃完梅子後的紫蘇攤開在太陽下曬乾再磨碎，便成了調味用的紫蘇粉。充分利用材料、不浪費的作法，也是自先人流傳至今的生活智慧。

花釀

飲用紫蘇汁，對抗過敏症狀

初夏時分，試試用赤紫蘇製作紫蘇汁吧！雖然稱為紫蘇汁，但製作方法其實和花釀相同。
赤紫蘇中所含的藍紫色色素成分「紫蘇寧」是花青素的一種。紫蘇寧具有強大的抗氧化作用，可以有效預防生活習慣病。此外，因含有可對抗過敏及發炎的木犀草素，對治療異位性皮膚炎或花粉症等過敏症狀應該也有效果。青紫蘇雖然不含紫蘇寧，卻含有豐富的β-胡蘿蔔素，兩者都具有強大的抗氧化功效。

茴香

Fennel

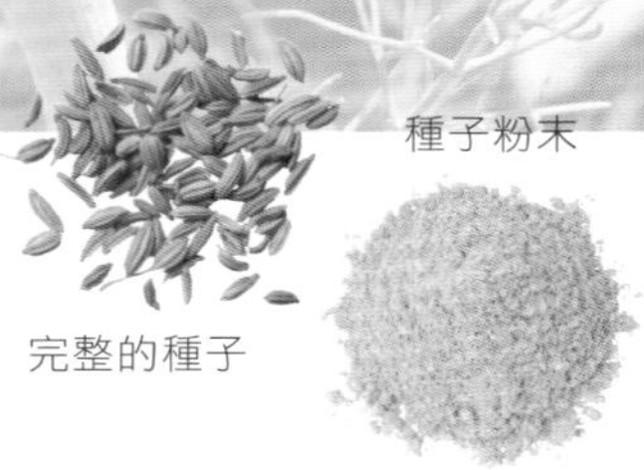

茴香的果實就是市面上常見的茴香，分為完整型態和磨成粉狀共兩種。

葉 花 果

在一些咖哩店用餐後會吃到裹著砂糖的茴香籽

芳香種子對胃積食和脹氣有療效

柔軟的葉子與魚肉特別對味，所以和蒔蘿同被稱為「魚之香草」。小小的黃色花朵香氣特殊，可用於沙拉和醃菜，種子則被當成香料使用。

辛甜香氣是源自名為茴香腦（anethole）的成分，可以促進腸胃蠕動，消除腹中脹氣。此外，因具有鎮咳化痰的作用，建議可用來緩解感冒初期的不適症狀。

基礎保健

茴香糖漿緩解喉嚨痛

將5g茴香籽輕輕壓碎，放入100g熱水煮10分鐘，過濾種子後加30g砂糖再開火繼續熬煮，待呈現黏稠狀時即成。

以它製作的酒，曾被禁將近百年

以前讓巴黎藝術家為之沈迷而遭禁的苦艾酒，就是用苦艾、大茴香及茴香等香料為原料的利口酒。因為含有高濃度、具神經毒性的側柏酮（thujone），以致不斷有中毒、成癮的案例出現，據說知名畫家梵谷和羅特列克都是毀於苦艾酒。於是二十世紀初，全世界決定禁止製作、販售苦艾酒，之後經過成分濃度的調整，終於得到世界衛生組織的許可，如今已再度製造。帶有茴香獨特香氣的綠色酒水加入砂糖，是現今習慣的飲用方法。

Data

學　　名：Foeniculum vulgare
中文別名：香絲菜、蘹香
日 文 名：ウイキョウ（茴香）
日文別名：フヌイユ（法：fenouil）、フィノッキオ（義：finocchio）
科名屬名：傘形科茴香屬
原 產 地：地中海沿岸
作　　用：驅風、化痰（有促進分泌、溶解、抗菌的效果）
適用症狀：鼓腸、腹絞痛、上呼吸道黏膜炎
副 作 用：目前尚未發現

蜜柑

Mikan

不論果實或果皮，都具有強大功效

在眾多柑橘類中最普遍、最容易吃到的就是蜜柑了，含有維生素C、類胡蘿蔔素、鉀及膳食纖維等成分，是營養價值很高的果實，其**美容養顏、提升免疫力、防止老化**的效果眾所周知。在薄薄外皮和橘絡裡含有名為「橙皮苷」（hesperidin）的類黃酮，具有**強化血管的作用**，務必善加利用，千萬別丟棄。

果皮含有較多檸檬烯及α-蒎烯等精油成分，經乾燥處理後的產物即為陳皮，在中藥裡常被用來**健胃、利尿、止咳及化痰**。

果　皮　花

橘子皮剝下後別丟掉了，曬乾後還能繼續使用

乾燥處理

陳皮DIY

如果是放在太陽直射的地方曬乾會褪色，建議放在有點遮蔭、通風良好處風乾。就中藥觀點而言，陳皮存放越久，品質越好。

芳療美容

請善用柑橘花朵

若手邊能取得蜜柑或橘子等柑橘類的花朵，試試用它來製作浸泡油或酊劑吧！ 因水份含量較多易腐壞，浸漬的時間需控制在1～2天。浸泡油可用來做為芳療精油，酊劑則可當成化妝水使用。

生活智慧

天然去污好幫手

在天然的植物洗碗精中加入陳皮，其所含有的檸檬烯會讓油污更容易被清洗乾淨喔！

Data

學　　名	Citrus unshiu
中文別名	橘子、茂谷柑
日 文 名	ウンシュウミカン（溫州蜜柑）
科名屬名	柑橘科柑橘屬
原 產 地	日本
作　　用	促進血液循環、強化微血管、止咳、化痰、發汗、健胃、降血壓、抗過敏、抗菌、消炎、鎮靜
適用症狀	疲勞、神經痛、風濕、體寒、腰痛、瘀傷、感冒、咳嗽、有痰、食慾不振、龜裂、凍傷、高血壓
副 作 用	目前尚未發現

促進血循

止咳

化痰

抗過敏

菊花

乾燥菊花瓣

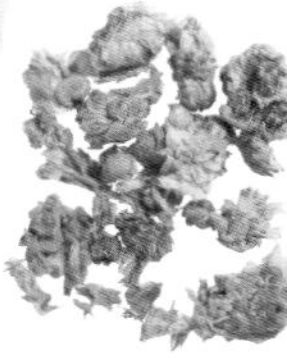
乾燥菊花

呈片狀乾燥後的花瓣產品常作為料理用；維持整朵型態進行乾燥處理者，多用來沖泡菊花茶，經熱水一沖，花朵便會綻放開來。

出乎意料地，擁有相當豐富的營養成分

富含維生素與礦物質，可改善眼睛不適

日本各地有許多自然生長的菊花品種，對日本人而言，菊花是最熟悉不過的植物，自古代以來便有入藥的用法。江戶時代十分流行栽種觀賞用的菊花，人們從其中挑選出味道與香氣皆優的品種加以培育，以供食用；也有一些地方平常就有食用菊花的習慣，像是青森的「阿房宮」及山形的「もってのほか」等都是食用的品種。

新鮮菊花含有豐富的維生素B_1、B_2、鉀和膳食纖維，也含有可對抗發炎的木犀草素。中藥裡所謂的菊花，是經乾燥處理後的花朵，除了可以用來緩解感冒初期的發燒或頭痛之外，也能促進眼睛的血液循環，抑制眼球充血。

山形的傳統蔬菜「豈有此理（もってのほか）」

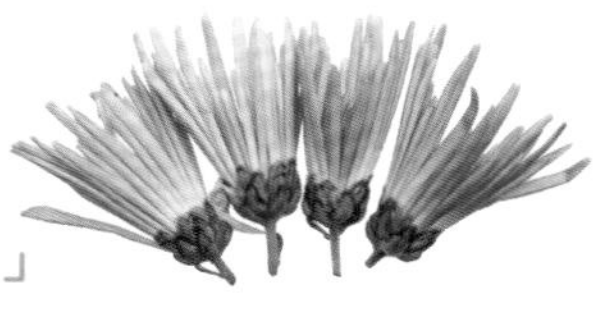

花瓣呈圓筒形狀、口感爽脆，是最大特徵。會有如此獨一無二的名稱，據傳是因為「連天皇陛下專屬的裝飾紋樣都拿來吃，真是豈有此理」，也有人說是因為「菊花怎會這麼好吃，真是豈有此理」……，命名由來眾說紛紜。

做成菊醋、菊酒吧！

將乾燥菊瓣用熱水泡發後再放入醋裡醃漬的方式，會讓菊花的香氣與顏色再次變得鮮明。在日本酒裡放入新鮮菊花，將香氣萃取出來之後，即成了菊酒，不過一旦存放過久，顏色就不好看了，所以請趁著顏色正豔時好好享用。

Data

學　名：Chrysanthemum morifolium
日文名：キク（菊）
日文別名：ノギク（野菊）、ショクヨウギク（食用菊）
科名屬名：菊科菊屬
原產地：中國、日本、朝鮮半島
作　用：解熱、鎮靜、鎮痛、降血壓、消炎、抗菌、抗氧化
適用症狀：發燒、咳嗽、頭痛、頭暈目眩、眼睛充血、體質偏寒、失眠、高血壓
副作用：目前尚未發現

鎮靜
鎮痛

枸杞

Goji Berry

果 葉 根

甘甜中帶點微苦的大人滋味，
需先以熱水浸泡後再使用

延年益壽聖品，具滋補強身效果

枸杞是原產於中國的灌木，在日本各地的矮樹叢中也可以看到它的身影。夏末會綻放淡紫色的花朵，到了秋天便結出鮮紅色的果實；成熟後的果實經乾燥處理後也被用來製作藥膳。枸杞有著類似葡萄乾的甘甜又帶點微微苦味，為了中和這獨特的味道，經常會被加在甜酒或甜點中一起食用。

枸杞含有生物鹼中的甜菜鹼（betaine），被認為具有滋養強壯、修復疲勞的功效。

其根部也被做為中藥，用來降低血糖和血壓。此外，它在歐美地區叫做「枸杞莓」（Goji Berry）。

枸杞酒 DIY

將枸杞浸泡在砂糖和白酒裡做成的枸杞酒，滋味香甜順口，據說也有助眠的效果。

Data

學　　名	Lycium chinense
中文別名	向陽草
日 文 名	クコ（枸杞）、クコシ（枸杞子）
日文別名	ゴジベリー、リキウム、ウルフベリー
科名屬名	茄科枸杞屬
原 產 地	中國河北省、湖北省、山西省
作　　用	滋補（葉）、強身（葉、果實、根皮）、消炎、解熱、降血糖、降壓（根皮）
適用症狀	修復疲勞、動脈硬化、糖尿病、低血壓、失眠
副 作 用	懷孕或哺乳中的婦女避免使用

基礎保健

每天 10 粒枸杞，輕鬆養生

超級食物一詞源自於美國與加拿大，因枸杞有優於一般食物的營養比例，營養成分特別豐富，所以在當地被評選為最佳超級食物排行前十名。枸杞果實通常被拿來與喜愛的堅果一起醃漬，做成小菜食用。想簡單做好養生，不妨每天吃上10顆枸杞子吧！

滋補強身

消炎

牛蒡

Burdock

防癌寶物，富含膳食纖維

種 根

外皮不要削掉，用輕刮方式去除即可

牛蒡原是自中國傳入的藥用植物，在日本自平安時代便開始食用。除了日本、台灣，其他國家大都把它當做藥物使用。

它可說是膳食纖維的寶庫，含有水溶性膳食纖維中的菊糖（inulin），以及不溶性膳食纖維的纖維素（cellulose）和木質素（lignin）。膳食纖維可以促進腸道蠕動，改善腸道環境，增加益生菌；還可幫助身體排出有害物質，降低膽固醇。

牛蒡的表皮含有具抗氧化作用的丹寧酸和綠原酸（chlorogenic acid），如果把外皮削除得太過乾淨或浸泡水中過久，珍貴的有效成分就會這樣白白浪費掉了。

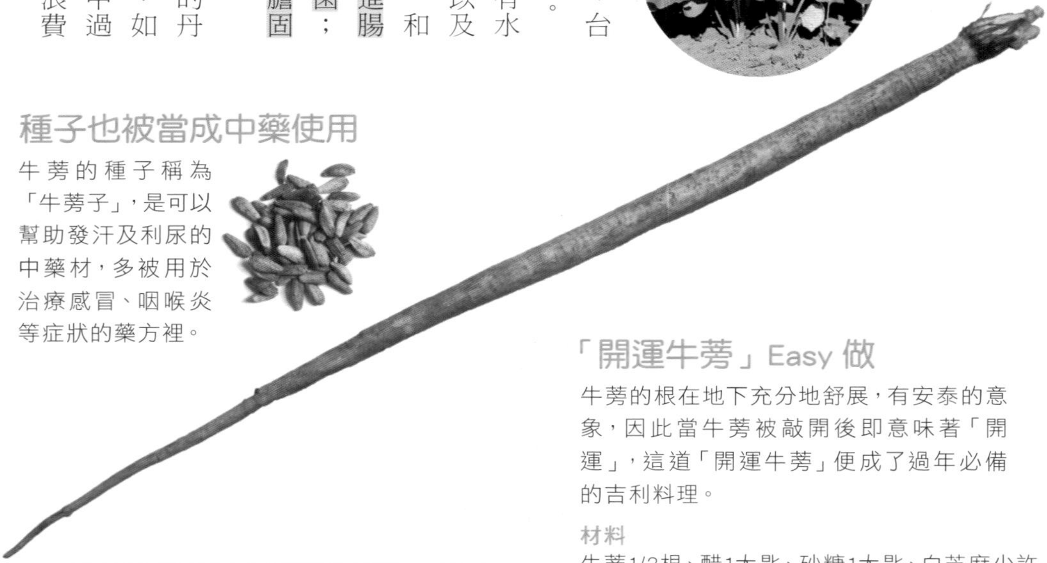

種子也被當成中藥使用

牛蒡的種子稱為「牛蒡子」，是可以幫助發汗及利尿的中藥材，多被用於治療感冒、咽喉炎等症狀的藥方裡。

市面上也有販售以牛蒡製成的茶或乾燥蔬菜，因質地較硬，所以用水泡發的時間也要久一點。

Data

學　　名：Arctium lappa
中文別名：東洋人蔘
日 文 名：ゴボウ（牛蒡）
日文別名：バートック
科名屬名：菊科牛蒡屬
原 產 地：歐洲、中國
作　　用：淨化血液、解毒、抗菌
適用症狀：皮膚腫塊、皮膚炎、風濕、便祕、高血糖
副 作 用：目前尚未發現

「開運牛蒡」Easy 做

牛蒡的根在地下充分地舒展，有安泰的意象，因此當牛蒡被敲開後即意味著「開運」，這道「開運牛蒡」便成了過年必備的吉利料理。

材料

牛蒡1/2根、醋1大匙、砂糖1大匙、白芝麻少許

做法

1 牛蒡輕輕刮去外皮並快速汆燙，敲破後再切成6cm小段狀。
2 大碗裡放入醋和糖攪拌均勻，加入牛蒡醃漬30～40分鐘，灑上芝麻即成。

抗菌

抗氧化

芝麻

Sesame

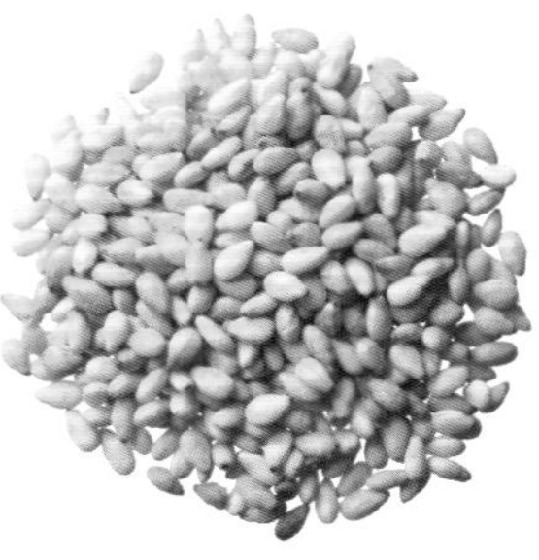

白芝麻
味道溫和

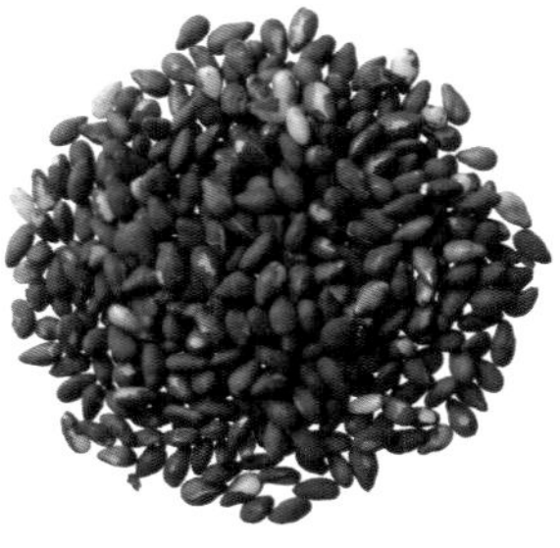

黑芝麻
含有花青素

芝麻粉
容易氧化，需趁早使用完畢

種
盡可能磨碎後再使用

強大抗氧化力，預防生活習慣病

自古以來全世界便皆有栽種的芝麻，具有很高的營養價值，蛋白質、維生素、礦物質含量豐富，不過，其成分中有一半可是脂肪呢！然而，芝麻所含的脂肪幾乎全是亞油酸和油酸，以上兩種物質經證實都具有降低血中膽固醇及預防生活習慣病的功效。

它所含有的多酚「芝麻木酚素」（sesame lignan），尤其受到關注，這是芝麻素、芝麻醇苷、芝麻酚林等成分的總稱，具有強大的抗氧化效用。其中，芝麻素還可以強化肝臟、降血壓，甚至能調節荷爾蒙的分泌。

為了讓芝麻的營養能更有效地為人體所吸收，建議先將堅硬的外殼磨碎後再食用。

方便簡單的芝麻糊

將羅勒或芫荽等新鮮香草，放入食物調理機磨碎後，再加入芝麻糊調味，就是充滿異國風味的花草醬。

芝麻油種類與特徵

芝麻油比起其他油品更不易氧化，所以也會被用來製作軟膏或當成按摩油。

生榨　未經焙煎直接榨取的芝麻油品呈透明狀，滋味獨特、美味可口，不過幾乎沒什麼香氣。由於木酚素含量特別多，所以經常作為美容用途。

焙煎　一般所謂的芝麻油，就是焙煎後再榨的油，因經過焙煎，所以呈褐色外觀，特徵是香氣格外濃郁。

Data

學　名：Sesamum indicum
日文名：ゴマ（胡麻）
日文別名：セサミ
科名屬名：胡麻科胡麻屬
原產地：非洲、印度
作　用：抗氧化、抗發炎、促進再生、健胃、鎮痛、滋補
適用症狀：胃腸不適、神經痛、汗疹等皮膚症狀、疲勞、跌打損傷
副作用：目前尚未發現

高麗人蔘

Korean Ginseng

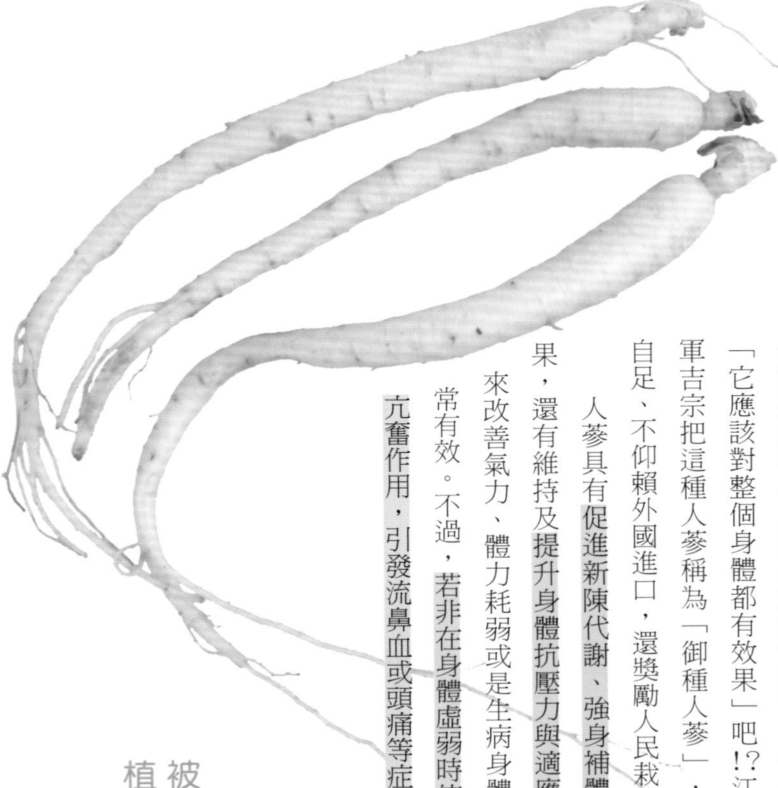

根

具有一股如霉臭般的特殊氣味

養氣強身，補藥之王

高麗人蔘自古以來就是大家熟知的滋補強身藥草，也許是其樣似人體形狀的外觀，所以過去人們總認為「它應該對整個身體都有效果」吧!?江戶時代的八代將軍吉宗把這種人蔘稱為「御種人蔘」，聽說為了能自給自足，不仰賴外國進口，還獎勵人民栽種呢！

人蔘具有促進新陳代謝、強身補體、修復疲勞的效果，還有維持及提升身體抗壓力與適應能力的功用，用來改善氣力、體力耗弱或是生病身體虛弱的狀況，非常有效。不過，若非在身體虛弱時使用，可能會產生亢奮作用，引發流鼻血或頭痛等症狀。

被稱為人蔘的植物還有……

五加科中還有一些植物也被叫做人蔘，像是竹節蔘、三七（田七蔘）、刺五加（西伯利亞人蔘）和花旗蔘等，這些人蔘都具有強身補體的作用。

竹節蔘

基礎保健 高麗人蔘酒

在高麗人蔘中加入白酒即成高麗人蔘酒。如果用的是新鮮高麗人蔘，需先用牙刷或軟毛刷仔細清洗乾淨後，再拿來泡酒。新鮮的高麗人蔘泡浸約兩個月，乾燥高麗人蔘則需三個月，才可拿來飲用，一天以10ml為理想用量。

Data

學　名	Panax ginseng
日文名	チョウセンニジン（朝鮮人蔘）
日文別名	コウライニンジン（高麗人蔘）、オタネニンジン（御種人蔘）
科名屬名	五加科人蔘屬
原產地	中國東北部、朝鮮半島北部
作　用	滋補、強身、促進新陳代謝
適用症狀	心身疲勞、精氣體力耗弱、生病虛弱
副作用	目前尚未發現，但使用過量會有失眠與高血壓症狀

紅棗

Jujube

果

新鮮的紅棗長度只有2cm左右，個頭很小

紅棗乾有直接以日曬製成的，也有先經汆燙再曬乾的。

果實味道微甜，健胃助消化

紅棗是原產於中國的喬木，酸甜的果實長度約2～3cm，可食用。在日本也會把它做為庭院植栽，過去孩子們則將其果實當成零嘴。

紅棗含有**抗氧化作用**強大的皂苷，中國有俗話說：「一日三棗，長生不老。」中藥除了用它來**滋補強身**外，也具有**緩和與鎮靜**的用途。加了薑和蜂蜜的紅棗茶，對**改善體寒與失眠**有效果；韓國的藥膳料理「蔘雞湯」裡也使用了紅棗，此外也可加在湯或粥裡，或是做成甘露煮。

基礎保健 紅棗酒

將紅棗乾加入砂糖和白酒浸漬即成，因紅棗本身就有甜味，建議砂糖酌量添加。

動手做做看 韓國蜂蜜紅棗茶

紅棗加蜂蜜和砂糖慢慢熬煮入味即可，若加上薑一起熬煮也很不錯。

紅棗鮮果甘露煮

這是日本飛驒地區的在地料理，將新鮮紅棗放入水中汆燙，過程中需持續撈除浮渣，之後再以紅棗一半份量的水及紅棗1/4份量的砂糖慢火熬煮入味，最後再加少許鹽調味。

Data

- **學　　名**：Zizyphus jujube
- **中文別名**：大棗
- **日 文 名**：ナツメ（棗）
- **科名屬名**：李科棗屬
- **原 產 地**：中國至亞洲西南部
- **作　　用**：利尿、鎮靜、緩和、滋補強身
- **適用症狀**：水腫、咳嗽、失眠、心神不寧、健胃

利尿

鎮靜

滋補強身

肉桂

Cinnamon

香氣甘甜，有助消化

皮
一般多使用桂皮，此外，捲成條狀的肉桂棒也很常見

芳香的肉桂是中國或越南等地的原生喬木，自江戶時代引進日本後，漸漸培育出「日本肉桂」。現今在市面販售、用來做為食材或藥用的肉桂，大多都是「中國肉桂（Cassia Cinnamon）」，此外，還有「錫蘭肉桂（Ceylon Cinnamon）」，這些相近的種類經常被互相混淆，雖然都有香味，但成分的含量多寡還是有些差異。

肉桂特殊的香氣，是源自於精油中名為肉桂醛（cinnamaldehyde）及丁香酚的成分，具有抗菌、促進血液循環和鎮靜的作用。乾燥過後的肉桂在中藥稱作「桂皮」，被當成具香氣的健胃藥，用來改善食慾不振與消化不良。日本生產的肉桂，根部被用來製作甜點。

基礎保健

飄散肉桂香氣的香草奶茶

以德國洋甘菊為基底，加入肉桂、牛奶，再用蜂蜜調味就是好喝的香草奶茶了，也可以添加自己喜愛的其他花草，建議可以在胃腸較弱時飲用。

肉桂粉即肉桂的粉末，製作咖哩或蘋果派都少不了它。

料理幫手

用肉桂酒增添香氣吧！

只要將整塊肉桂放入白酒裡浸泡，即可完成肉桂酒，一滴入溫熱飲料裡就能香氣四溢，增添飲品風味；製作糕點時也可以用它來提味增香。

肉桂的近親

用來製作防蟲劑的樟樹及與食物一起燉煮的月桂（月桂葉），都是和肉桂同屬的近親，這些樹木都含有芳香的成分「丁香酚」。

完整的肉桂

Data

學　　名：Cinnamomum verum、Cinnamomum zeylanicum
中文別名：玉桂、桂枝
日 文 名：セイロンケイヒ（セイロン桂皮）、セイロンニッケイ（肉桂）
日文別名：シナモン、ニッキ
科名屬名：樟科樟屬
原 產 地：斯里蘭卡等熱帶地區、中國、越南
作　　用：促進消化、驅風、抗菌、調節血糖
適用症狀：消化不良、腹脹
副 作 用：皮膚、黏膜的過敏反應

薏仁

Job's Tears

種

薏仁是美肌的代名詞

抑制痘痘、調理肌膚的飲食首選

薏仁是原產於中國的一年生草本植物，是薏苡的近親，在西元七、八世紀時引進日本，做為藥材使用；自江戶時代至今，百姓都拿它做為去疣的藥物。

將薏仁殼（種子皮）去除後的種子被稱為薏仁，被用於內服藥或化妝品，這是因為它有名為薏苡酯（coixenolide）的成分，可以抑制痘痘、促進皮膚新陳代謝，對肌膚粗糙很有療效。此外，它也含有維生素B_1、B_2以及礦物質、膳食纖維和脂肪酸，滋補強身的效果也令人期待。

用帶殼薏仁煎煮的茶飲，味道溫和又好喝，所以經常被用來搭配其他花草做成複方草本茶。

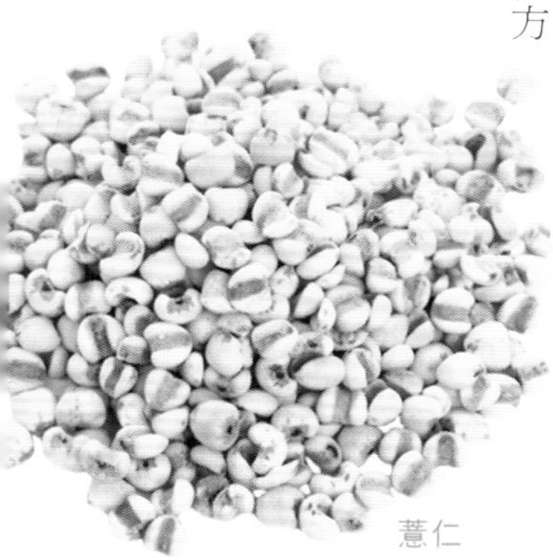

薏仁

煮出綿軟好吃的薏仁

因為顆粒質地較硬，必須花點時間準備，不妨一次準備多一些份量。

1 用清水充分洗淨。
2 以大量水浸泡靜置一晚，若氣溫較高時最好放進冰箱裡。
3 將水瀝乾，重新倒入足量的水，煮至沸騰後轉小火繼續煮至變軟。
4 用篩子撈出並用清水將黏液沖洗乾淨。

★可依個人喜好搭配粥品、湯品或是沙拉享用。
★分成小份包裝後再冷凍保存，方便日後隨時取用。

動手做做看 薏仁面膜製作 Step by Step

1 在容器裡倒入1大匙薏仁粉及1大匙黏土，逐次加入純水，攪拌成糊狀。
2 塗抹在肌膚上靜置10分鐘，再用清水洗淨，面膜需當日使用完畢。

★面膜約一週使用一次即可，皮膚狀況不佳時要立刻停用。
★使用市面上販售的薏仁粉製作，簡單又方便。
★黏土是陶土的一種，具吸附力、吸收力和潔淨力，是製作面膜的材料。種類繁多，可以在花草店裡挑選購買。

黏土

利尿

消炎

鎮痛

Data

學　　名：Coix lacryma-jobi var. ma-yuen
中文別名：苡仁、六穀子、台灣薏仁
日 文 名：ハトムギ（鳩麥）、ヨクイニン（薏苡仁）
日文別名：チョウセンムギ（朝鮮麥）、トウムギ（唐麥）
科名屬名：禾本科薏苡屬
原 產 地：東南亞
作　　用：美肌、利尿、消炎、排膿、鎮痛、促進代謝
適用症狀：肌膚粗糙、粉刺、水腫、神經痛、風濕、抗過敏、高血壓
副 作 用：目前尚未發現，不過同屬的薏苡不可於懷孕期使用

大蒜

Garlic

乾燥後的大蒜磨成粉末，能降低嗆辣味道，還帶點甘甜氣味呢！

保存法 鹽漬方式有利於保存

將適量大蒜剝除外皮後放入保存容器中，加入約大蒜1/10重量的鹽，以及可覆蓋大蒜的水，存放幾天讓鹽溶解，再經過一個月左右就會變得好吃。可以切碎加在料理中，或直接食用也行，放在冰箱裡大約可保存半年。

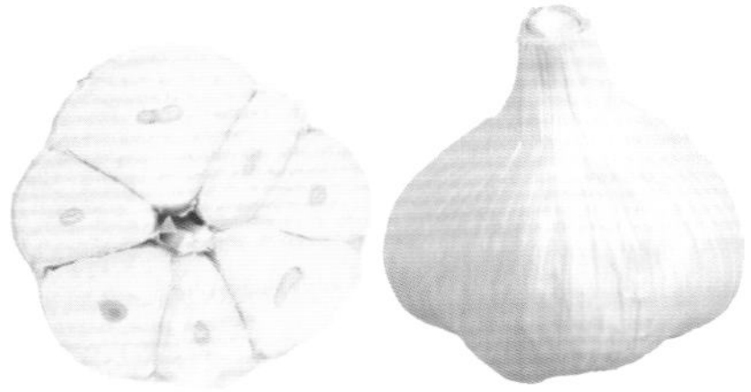

中間的芽容易燒焦，最好先剔除

強身食材，有效修復疲勞

滋補強身　抗氧化　抗菌

正如同「累的時候就吃大蒜」之既定印象一般，大蒜是可以強身滋補的食材，也因為這樣，禪宗僧侶以具有刺激性為由，將它與同屬的蔥、韭菜一同列為禁忌的食物。大蒜所含有的辛辣成分「蒜氨酸」（alliin）會藉由酵素作用在體內轉變成大蒜素（allicin），大蒜素被認為具有抗氧化作用，還可促進消化及預防血管栓塞。大蒜素在體內與維生素B_1結合後，會轉變成蒜硫氨素（allithiamine），具有修復疲勞的功效；由於蒜硫氨素容易被人體吸收，並且能貯存在肌肉中，所以效果可望能一直持續。建議與含有維生素B_1的豬肉、肝臟、大豆或是玄米等食物一起食用尤佳。

認識黑大蒜

這是將大蒜放在高溫、高濕環境裡熟成的產物。由於大蒜中含有的糖質和氨基酸化合物會產生麥拉寧反應（褐色反應），導致大蒜顏色變黑，味道也變得酸甜。這時大蒜的特有香氣會消失不見，質地也會較濕潤，所以也被稱為「水果大蒜」。據說黑大蒜抗氧化和提升免疫力的效果，比起一般大蒜更好。近幾年也十分流行在家自己製作黑大蒜，只要用電鍋就能做了。

Data

學　　名：CAllium sativum
中文別名：蒜頭
日 文 名：ニンニク（大蒜）
日文別名：ガーリック
科名屬名：石蒜科蔥屬
原 產 地：中亞
作　　用：滋補強身、抗氧化、抗菌、降血脂、抑制血小板凝結
適用症狀：身體疲勞、上呼吸道感染，預防高血壓及動脈硬化等生活習慣病
副 作 用：可能會對胃腸造成刺激、改變腸道細菌叢或出現過敏反應

大蒜鹽麴

將大蒜放入鹽麴中，讓成分溶解出來即成。當大蒜變軟時將其壓碎，與鹽麴充分混合均勻後再使用。

基礎保健

大蒜泡盛酒

將剝了皮的大蒜加入黑糖和泡盛（沖繩的傳統酒）做成的沖繩風大蒜酒，在季節交替、身體容易生病的時候，媽媽都會讓孩子適量飲用，當中還含有豐富礦物質。

紅花

Safflower

花種

活血化瘀的專家

預防體寒，改善女性獨有症狀

紅花自日本天平時代引進日本，自古以來被用在口紅、食用色素及染料等用途。它的花朵外觀與薊花相似，鮮豔的黃色花瓣隨著時間會變成紅色，把花摘下放在蔭涼處風乾，就是名為「紅花」的藥材。

紅花的色素成分中有紅色色素「紅花素」及黃色色素「紅花黃」。紅花素有促進血液循環的作用，對女性特有的血循不良尤其有效，所以常被用以改善女性經痛、生理期不順、體寒和更年期種種不適症狀；紅花黃色素則被認為具有防止老化的效果。

紅花的花瓣擁有甘甜香氣，但若煮的時間過長就會產生苦味，須特別留意。

富含亞油酸的紅花油

用紅花種子榨取出的油稱為紅花油，其特徵是含有豐富的亞油酸。亞油酸是人體必須脂肪酸，而且身體無法自行生成，只能從食物中攝取，不過一旦攝取過量，可能會提高引發異位性皮膚炎及花粉症的機率。紅花油曾經被視為健康好油而受到大力推崇，但如今已被列入「不需要積極攝取」的油品清單中。

基礎保健 紅花酒是女性的好朋友

將乾燥的紅花花瓣連同砂糖和白酒一起浸漬，兩個月後將花瓣取出即成。芳香濃郁又略帶甘甜的酒用來改善體寒和經痛最合適，也可以拿來泡澡。

Data

學　　名	Carthamus tinctorius
中文別名	紅藍花、刺紅花
日 文 名	ベニバナ（紅花）
日文別名	サフラワー、スエツムハナ（末摘花）
科名屬名	菊科紅花屬
原 產 地	埃及、中亞
作　　用	促進血液循環、收縮子宮、通經
適用症狀	月經不順、體寒、血色不佳、更年期障礙
副 作 用	懷孕婦女避免使用

Part3 庭院裡的能量植栽

日本常見庭園花草

建議大家可以試試用枇杷樹、柿子樹等庭園樹木的葉子，或是隨手可摘的馬尾草、艾草泡成茶飲。不過，無論是採集、乾燥或保存方法，都有個別應注意的事項，先來認識一下吧！

採集的方法與訣竅

- 盡量在晴天的上午時段進行。
- 濕度較低的天氣為佳。
- 採摘花朵時，請選擇剛開始綻放的花朵。若是帶有香氣的花，應挑選香氣濃郁者。
- 若要使用葉子泡茶，需採摘葉片，如果葉片較小，可連同莖幹一起摘下。

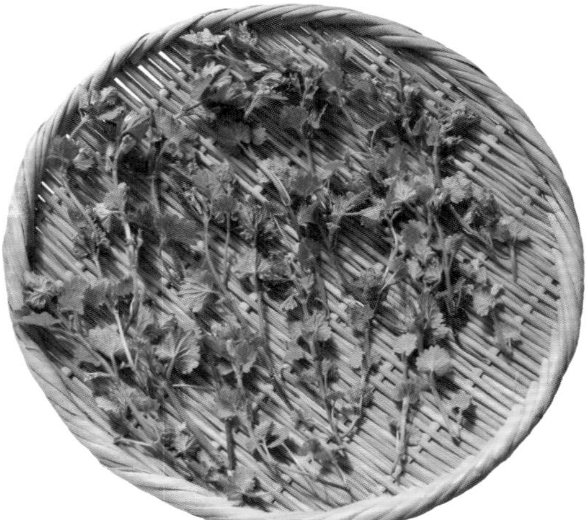

- 若是地面以上的部份全都可以使用，務必整株割下再分拆。
- 如果採集的是根部，必須先了解根部如何延伸分佈再小心挖掘，仔細留意別弄斷了。
- 若要採集的是種子，需採摘已經成熟的種子，並立刻用紙袋之類的袋子裝

好。如果連同莖幹一起採摘，必須先用紙袋蓋住後再將莖幹切除，然後再將袋口確實封緊，倒過來置放。

乾燥的方法與訣竅

- 採摘後先去除灰塵和小蟲子，再用清水洗淨，水分徹底瀝乾後盡快放在陰涼處風乾。
- 根部仔細清洗，去除污泥，如果根部較粗不易風乾，可以先切分成小塊再風乾。
- 在蓆子或篩子上舖平，避免太陽直射，放在陰涼通風處晾乾。
- 若是較硬的根部或木枝，可以放在太陽直射的戶外曝曬，並請在短時間內一次曬到乾燥。
- 進行風乾或曝曬的過程中，需留意天氣的變化。
- 乾燥的程度約莫是莖部能夠應聲折斷，葉片一碰就碎即可。

使用的方法與訣竅

- 直接用熱水沖泡飲用，或是用小火慢慢煎煮，做成香氣濃郁的花草茶。
- 如果是樹皮或樹根等比較堅硬的部位，先用水浸泡10分鐘左右再開火加熱，沸騰後轉成小火繼續煎煮10分鐘。

柚子

Yuzu

促進血液循環，冬季守護身體最佳良伴

果 皮 種 葉

在柚皮茶裡加入剛採摘的新鮮柚葉，別具一番清爽香氣

柚子自西元八世紀引進日本後就被當成食物或藥物使用，是廣為栽培的實用果實。夏季採收的未熟青柚多被用來製作柚子胡椒或柚子酒，而秋季採收的黃柚則是從果汁、果肉、果皮乃至種子都被充分利用。

它所含的維生素C是柑橘的三倍，具有美容和預防感冒的功效，此外也富含有助於修復疲勞的檸檬酸。柚子皮中含有豐富檸檬烯及芳樟醇等精油成分，除了可以抗氧化，還具有抗發炎、鎮靜、促進血液循環、提升免疫力等效用。冬至當天泡個柚子澡不僅可以改善肩頸僵硬、腰痛等疼痛及肌膚粗糙的狀況，據說也有除舊迎新、藉著濃郁香氣祛邪避凶的意味。

青柚子的香氣清新強烈，果汁更不用說了，連柚子皮或磨碎或製成調料都很有妙用。

自製 柚子胡椒醬料

將青柚子的皮刨成薄片再切成細末，青辣椒去除種子並切碎，再加入柚子皮和鹽，一起放入食物調理機中均勻攪拌，加入少許柚子汁後，即可完成。

柚子醋 Easy 做

只要將醬油、柚子汁和味醂混合，便可輕鬆做成柚子醋。搭配比例雖可依各人喜好自由調整，不過採醬油：果汁：味醂＝7：5：3的比例調配最不容易出錯。做法是將醬油和味醂加熱煮沸後，熄火放涼倒入容器內，再加入果汁和昆布便大功告成。若能存放兩週左右會更加入味，變得更好吃哦！

抗過敏

促進血循

健胃

動手做做看 風乾柚子皮這樣做

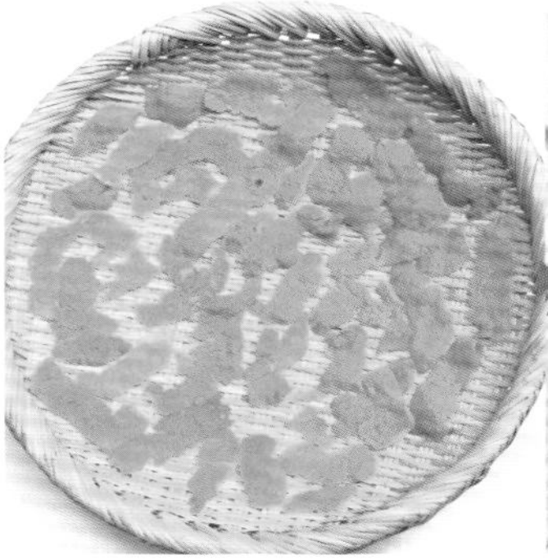

1 去除柚子皮白色部份，再將黃色柚子皮刨成薄片，平鋪在篩子上，置放於太陽底下曬乾。

2 經過數日，柚子皮會變得酥酥脆脆的，就可以直接拿來泡茶飲用了。

3 也可磨成粉末，剛磨好的柚皮粉特別香。

浸泡油

用在料理調味非常方便，但記得最好選用純正芝麻油來製作柚皮油。

在柚皮油裡加入蜜蠟，便成了好用的護唇膏。

保存法 榨汁更容易存放

當柚子量多的時候，不妨榨成果汁保存吧！如果是放入冰箱保存，可以加入果汁總量十分之一的醋延長保存期限，不過因為味道容易喪失，建議還是在一週內使用完畢。或者，亦可使用附有夾鏈的保鮮袋裝好放入冷凍庫裡，平放冰凍成薄片，當有需要時再折取一部份使用即可，保存期盡量不超過一個月。

Data

學　　名：Citrus junos
日 文 名：ユズ（柚子）
別　　名：ユノス、オニタチバナ（鬼橘）
科名屬名：柑橘科柑橘屬
原 產 地：中國長江上游一帶
作　　用：促進血液循環、強化微血管、發汗、健胃、降血壓、降血脂、抗過敏、抗菌、消炎
適用症狀：疲勞、神經痛、風濕、體寒、腰痛、瘀身、挫傷、感冒、食慾不振、乾裂、凍傷、高血壓
副 作 用：使用精油時要留意光毒反應

酊劑 柚籽化妝水保養肌膚效果好

這是坊間眾所周知的美容聖水，它可以滋潤皮膚，改善肌膚狀況。將柚子籽浸泡在燒酎或伏特加裡兩個禮拜左右，就會呈現如凝膠般的狀態，再加入純水稀釋就是化妝水了，也可摻入其他花草酊劑中使用。

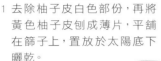

梔子

Gardenia

果

帶點微臭味，吃起來味道苦苦的

橘色果實具有 消炎、利尿功效

每到梅雨時節，空氣裡就會飄散著一股甘甜淡雅的梔子花香。不論是院子或是步道沿路都可以看到許多梔子花的身影，不過，真正具有藥效的則是單瓣梔子花所結成的果實。

外形呈橄欖球狀的果實一到了秋天，顏色就會成熟變為橘色，經過乾燥處理後就是藥材中所謂的「山梔子」，用來煎藥具有消炎、止血及利尿的功效。名為「梔子苷酸」（Geniposidic acid）的苦味成分可以促進膽汁分泌，而黃色色素成分的藏紅花素（crocin）則具有抗氧化作用，藏紅花素也被用來做為栗金團（日本岐阜縣美濃東部的名產，用栗子製成的高級和菓子）及醃漬黃蘿蔔的著色劑。

在日本超市的調味料區有時也能找到。

常見品種

八重瓣梔子花

八重瓣的梔子花不會結出果實，所以不具藥效。

「口無し」的說法

據說梔子的果實即使成熟也不會裂開，正因為沒有開口，所以才被命名為「口無しKUTINASI」。此外，也有人說是果實的末端類似壺口或瓶口形狀，因此被叫做「口成しKUTINASI」。

Data

學　　名	Gardenia jasminoides
中文別名	木丹
日 文 名	クチナシ（梔子）、サンシシ（山梔子）
別　　名	ガーデニア
科名屬名	茜草科梔子屬
原 產 地	中國、日本、臺灣
作　　用	消炎、止血、解熱、鎮靜、促進膽汁分泌、抑制胃酸、整腸、幫助排便
適用症狀	撞傷、割傷、擦傷、肝臟機能失調、膀胱炎等泌尿器官感染、腰痛
副 作 用	目前尚未發現

消炎　鎮靜　促進排便

日本玉蘭

Kobusi Magnolia

花

氣味苦澀、刺鼻

可治鼻炎及花粉症

花蕾的精油成分，

自由生長在日本各地山野間的日本玉蘭，也是公園或庭院裡會種植的喬木。它的花期比任何樹木都早，春天一到，白色的花朵便一齊綻放；打從很早之前，只要每到玉蘭花期，人們就會開始準備春耕，因此被稱為「耕地櫻」。

在玉蘭開花前採集下來的花蕾經過乾燥手續，就是中藥材裡所謂的「辛夷」，它含有精油成分，特徵是芳香中又帶有苦澀和刺鼻的氣味。除了應用在鼻炎、花粉症和鼻竇炎的治療之外，因具有鎮靜作用，對治療頭痛也有功效。與日本玉蘭同屬的柳葉木蘭，其花蕾也可以拿來做成辛夷。

包覆花蕾的花苞長有濃密的絨毛是其特徵，聞起來有特殊的濃郁香氣。

常見品種 日本玉蘭的近親們

日本玉蘭因為花蕾的外觀狀似拳頭而得名。在日本當地，與日本玉蘭同為木蘭科木蘭屬的植物不勝枚舉，它們的特徵是花芯大多是雌芯和雄芯螺旋著生。其中，日本天女花、白玉蘭和荷花玉蘭等木蘭屬的樹木花蕾，也被當成是民俗療法的用藥，主要治療鼻塞或頭痛。

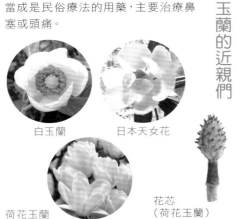

白玉蘭

日本天女花

荷花玉蘭

花芯（荷花玉蘭）

鎮靜

鎮痛

消炎

Data

學　　名：Magnolia kobus
中文別名：日本辛夷
日 文 名：コブシ（辛夷）
日文別名：コブシハジカミ、ヤマアララギ、タウチザクラ（耕地櫻）
科名屬名：木蘭科木蘭屬
原 產 地：中國
作　　用：鎮靜、鎮痛、抗發炎
適用症狀：鼻炎、鼻竇炎、花粉症、感冒引起的頭痛

山椒

Japanese pepper

果 皮 葉

山椒木的表皮有尖銳的棘刺，不過也有不帶棘刺的變異品種

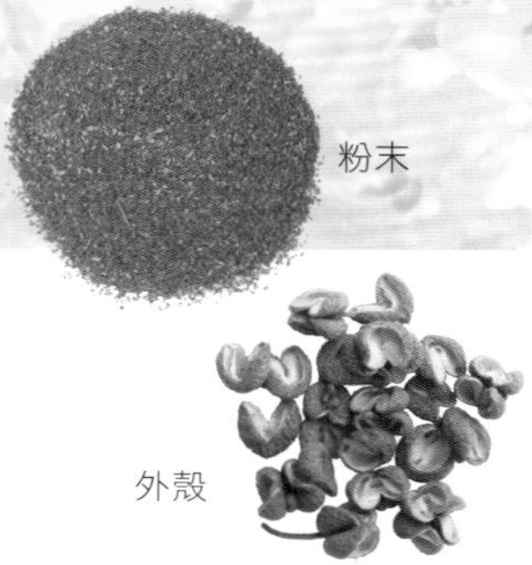

一般使用的是外側堅硬的果皮，圖為剖開後已去除種子的硬殼及磨碎後的粉末。

健胃 利尿 鎮痛 抗痙攣

麻麻辣辣，可促進腸胃蠕動

山椒是日本具代表性的藥用植物，不論是嫩芽、嫩葉、花朵、未熟或是成熟的果實，幾乎全都可以入藥。它的特徵是聞起來香氣清爽，但實際一嚐則是辣到令人舌頭發麻。

山椒的嫩芽被稱為「木芽」，用來做味噌湯或搭配燉菜都可以增添香氣。山椒的花和未熟的青色果實會做成佃煮（用醬油和糖將食材煮得十分黏稠，就像裹上一層醬油糖衣般），成熟果實的硬皮則是磨碎後使用，即所謂的山椒粉。

名為山椒素（sanshool）的辛辣成分具有可以刺激腸胃、促進腸胃蠕動的健胃作用。另外，因為具有強烈的殺菌力，也能發揮驅蟲效果。在中藥裡，它是用來健胃、利尿的藥材。

基礎保健

山椒酊劑

具有促進血液循環及保濕的功效，市面販售的生髮劑或化妝品，也會添加山椒的濃縮精華（酊劑）。

Data

學　　名	Zanthoxylum piperitum
日 文 名	サンショウ（山椒）
日文別名	サンショウペッパー、ハジカミ
科名屬名	芸香科山椒屬
原 產 地	日本、朝鮮半島南部
作　　用	健胃、利尿、鎮痛、抗痙攣、驅蟲、抗菌、抗真菌
適用症狀	食慾不振、消化不良、胃炎等腸胃不適、浮腫
副 作 用	目前尚未發現

柿子

Kaki

富含維生素C，是草本茶的固定班底

現今日本各地隨處可見的柿子，古時候是自中國傳入，在奈良時代已經有人栽種培育。據說起初的品種全是澀柿，不過鎌倉時代經過突變出現了甜柿，之後品種便日漸多了起來。

正如同俗話「柿子變紅了，醫生的臉就綠了」，柿子的果實營養含量豐富，包含維生素C、β-胡蘿蔔素、鉀及膳食纖維等營養素。柿葉含有大量可**預防感冒**和具**美容效果**的維生素C，而且還有遇熱不易流失的特性。此外，它也富含槲皮素和丹寧酸，**具有強大的抗氧化、抗發炎作用**。

果 葉

茶湯香氣清新略帶酸味，色澤呈橘色。

中醫取柿子蒂頭入藥

中藥稱為「柿蒂」，煎煮後具有止嗝的功效。

柿子澀味其來有自

柿子的澀味是源自名為「柿丹寧酸」的成分，其特徵就是帶有強烈的澀味，而**丹寧酸與蛋白質作用後**，具有收斂**（收縮）與止瀉（緩解下痢）的作用**。此外，柿子的丹寧酸經過乾燥、脫澀處理較不易流失，雖然吃起來不再感覺澀口，但其有效成分不減。

富含礦物質和膳食纖維的柿乾

柿乾中的丹寧酸和β-胡蘿蔔素含量很高，可對**抗氧化**，還有豐富的**膳食纖維能改善便祕、美容養顏**。不過，它的熱量較高，100g就有276大卡，小心別吃太多了。

Data

學　　名	Diospyros kaki
日 文 名	カキノキ（柿の木）
日文別名	カキ（柿）
科名屬名	柿木科柿木屬
原 產 地	中國
作　　用	抗菌、促進血液循環、抗發炎（葉子）、抗痙攣、止咳、止吐（蒂頭）、滋補強身（果實）、收縮、抗發炎（柿丹寧酸）
適用症狀	高血壓、體寒（葉片）、打嗝、咳嗽、噁心想吐（蒂頭）、消除疲勞（果實）、皮膚症狀、痔瘡（柿丹寧酸）
副 作 用	目前尚未發現

抗菌 促進血循 消炎

枇杷

Loquat

採集枇杷葉時，建議選擇顏色較深的老葉，而非樹梢長出的新葉

效用卓越的神奇樹木

健胃 鎮痛 消炎

在數千年前的印度佛典中，枇杷便被稱為「大藥王樹」，代表人類從很早以前就知道它的效用。日本自奈良時代起就已經有人使用枇杷葉治病，據說長有枇杷樹的寺院裡都會聚集一些為疾病所苦的百姓。

枇杷葉含有可止咳化痰的苦杏仁苷、能對抗發炎的萜類化合物（terpenoid），以及可抗菌的精油成分，人們多用它煮成茶飲或用來沐浴泡澡。江戶時代大家都會用枇杷葉加入藥材熬煮成「枇杷葉茶」飲用，對改善夏日倦怠十分有效。大正時代人們開始利用枇杷葉施行溫灸，以治療神經痛和關節痛，直至現在，這還是很盛行的民俗療法。

枇杷葉片質地較硬，需先切成小片再入茶，喝起來的味道就像日本番茶一樣很順口。

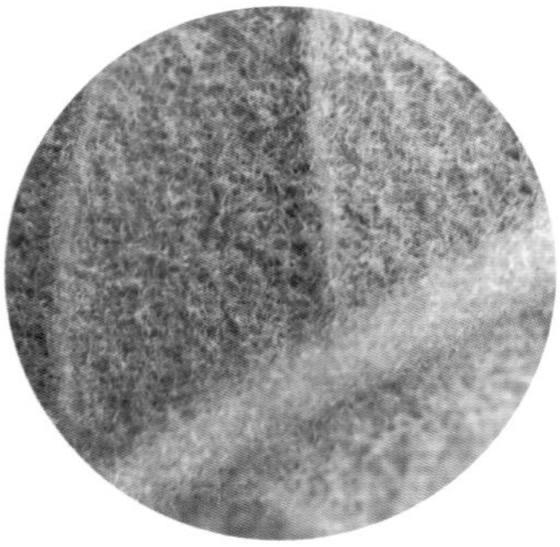

枇杷葉背面長滿了密集的茶色絨毛，要先用刷子刷掉再使用。如果沒有刷乾淨，食用時喉嚨會感覺刺刺的。

基礎保健 有「萬用藥」之稱的枇杷葉酒

枇杷葉的背面長滿細毛，會對喉嚨黏膜造成刺激，必須用刷子等工具去除細毛後再使用。將葉片切成2～3cm寬，再放入白酒裡浸漬，約3～4個月完全變色後便可使用。可以用來塗抹在傷口、燒燙傷、蚊蟲咬傷、跌打損傷、扭傷等患處，汗疹、濕疹、皮膚乾燥時建議可以當成泡澡劑，當然也可直接飲用。

Data

學　　名：Eriobotrya japonica
日 文 名：ビワ（枇杷）
科名屬名：薔薇科枇杷屬
原 產 地：中國
作　　用：健胃、鎮痛、促進再生、抗發炎
適用症狀：神經痛等疼痛、腸胃不適、食慾不振、汗疹、濕疹、跌打損傷、扭傷、中暑
副 作 用：因含有苦杏仁苷，需適量食用

試著DIY現代版的「枇杷葉茶」吧！

江戶時代流行的「枇杷葉茶」據說是使用枇杷葉、肉桂、莪逑（紫薑黃／紫鬱金）、吳茱萸、木香、甘草、藿香等七種藥材製作而成，若把這些中藥材換成我們熟悉的花草，例如以「枇杷、肉桂、薑黃、山椒、蒲公英、甘草（乾燥）、紫蘇」取代，就成了健胃整腸、保護肝臟的茶飲了。

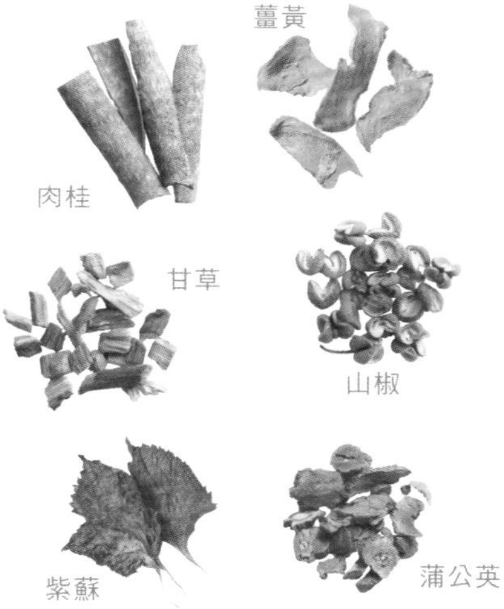

種子也有多種有效成分

種子當中含有具止咳功效的苦杏仁苷，用枇杷果來釀酒時，最好連種子一起放入。

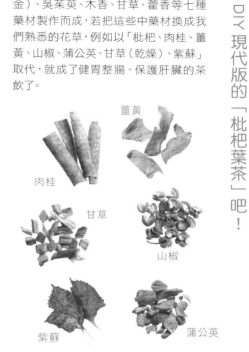

金木犀

Kinmokusei

乾燥過後仍舊香氣濃郁，具療癒效果，也可以製成花草茶。

花

花朵的顏色會隨著樹木或環境的不同而改變

宣告秋天來臨的香氣，具安眠作用

金木犀是庭院常見的常綠小喬木，每年九月一到就會綻放出十字型的橘色小花，許多人都是在它充滿甘甜果香的氣息中感知秋天的到來。

儘管金木犀能開出許多花，卻不結果；雖是雌雄異株植物，但在日本的金木犀幾乎都是雄樹。金木犀的花稱為「丹桂花」，經常被用來製酒、泡茶、加糖熬煮，或是用在料理裝飾。帶有香氣的芳樟醇、丁香酚、香葉醇等成分，具有抗發炎、鎮靜、放鬆等作用，香氣略淡的銀木犀（桂花樹）也具有相同效果。

難以擺脫和廁所的聯想

聽說在沖水式馬桶還未普及的年代，人們為了掩飾廁所的惡臭，都會在附近種植香氣濃郁的金木犀。廁所芳香劑之所以桂花香味為多，也許就是自那時留下來的印象。

基礎保健 失眠不妨飲點桂花酒

用砂糖和白酒浸漬而成的桂花酒，是很適合睡前飲用的酒類，甘甜香氣可以使人放鬆，幫助入睡。

Data

學　　名：Osmanthus fragrans var. aurantiacus
中文別名：丹桂
日 文 名：キンモクセイ（金木犀）
日文別名：タンケイ（丹桂）
科名屬名科：木犀科木犀屬
原 產 地：中國南部（廣東省）
作　　用：健胃、鎮靜
適用症狀：腸胃不適、失眠、改善低血壓

Part4 山野常見日本花草

採集鄉野草花時，別忘了確認這些重點！

漫步在山野間一邊採集野草，別有一番樂趣，但請留意喔！並不是單憑自己喜好就能隨意採摘的，請務必確認並遵守以下事項，以免引起糾紛。

採集的場所

每一塊土地都有其所有權人，如果不是自家的庭院，原則上一定要取得所有權人的同意才可以採摘。在自然保護區，特別像國家公園這種場所採摘植物是會有罰責的，需多加注意。一般可以採摘的場所大多是道路兩旁、空地或是河堤等，如果是人來人往的地方，野草也會因為有人遛狗等情況而遭致污染，這一點也要納入考慮。如果葉片較小，可連同莖幹一起摘下。

採摘的方法

絕對不可過度採摘，即使是野草也應愛惜，只採摘需要的量。為了不讓某種野草在該處絕跡，保留株枝也是很重要的。採摘後，記得將周遭的土壤或植物恢復成原本的狀態。此外，有絕種之虞的品種千萬不可採摘。

植物鑑定

仔細確認自己究竟採摘了哪一種野草，是很重要的事。外貌相似的植物有千百種，請務必和可清楚分辨出特徵的圖鑑進行核對，確認是否為同一種植物，確保食用安全。

採摘時機

適合摘取野草的時期會隨著使用部位不同而異，如果從頭到尾都要使用，那麼剛開花時是最完備的，很適合採摘；若使用花朵部位，要等到開花後才採摘；帶有香味的花朵，需在香氣濃郁時採收；如果使用的是根部，建議可以在養份較豐富的秋冬時節採摘。

留意有毒野草

常見的野草裡也有不少是具有毒性的，其有毒成分雖說會隨著使用方法的不同而發揮強力藥效，但熟知該如何運用畢竟是專業範疇。一旦誤食，甚至可能會危害生命，所以請和熟知野草的人一起行動吧！另外，採集時也可能會遇到毒蛇或蜜蜂等危險生物出沒，務必多加小心。

使用方法各有不同

乾燥後的野草用熱水沖泡當茶飲用是一般的做法，若想讓更多有效成分為人體所吸收，還有下列三種方法：

❶ 煎煮後飲用

用水熬煮乾燥後的野草，再飲用熬煮過的湯汁。若難以入口，也可以加點水稀釋。

❷ 泡製藥酒

在野草中加入白酒，依個人喜好加入砂糖，放在陰涼場所靜置三個月即可熟成。完成後的藥酒一次可以飲用20～30 ml左右。（請參考P52）

❸ 當泡澡劑

可在泡澡時加入熬煮過的湯汁，或是將泡好的藥酒用來作為藥浴，混合天然海鹽一起泡澡也很不錯。

★瀕臨絕種的植物清單請參照日本環境省網站首頁。

木通

消除水腫，抑制發炎

Chocolate Vine / Barrenwort

莖
幾乎不具香氣，還略帶點苦味

木通是山野間自然生長的藤蔓植物，淡紫色果實一到秋天成熟時就會呈縱向裂開一個大口，所以在日文又叫做「アケミ打開的果實」。果實帶甜味，口感黏黏的，很特別。晚秋時分採摘的粗壯藤莖即是中藥材裡的「木通」，木通藤莖含有皂苷及鉀，具有利尿功用，常被用來治療水腫或泌尿系統不適。

Notice！
中國還有一種名為「關木通」的植物，與此書介紹的木通並不相同，它含有會損害人體腎臟的成分，一定要格外留意辨識。

利尿
消炎

Data

學　名	Akebia quinata
中文別名	五葉木通、通草
日 文 名	アケビ（通草）
日文別名	アケミ
科名屬名	木通科木通屬
原 產 地	日本
作　用	利尿、消炎、通經、抑制胃酸
適用症狀	水腫、月經不順、預防壓力引起的胃潰瘍、風濕性關節炎、神經痛
副 作 用	中國產的「關木通」含有會引起腎臟損害的馬兜鈴酸（aristolochic acid），需特別小心

淫羊藿

強精補腎的佼佼者

藥草

莖　葉
葉片薄脆，帶點苦味

淫羊藿是在日本山野間自然生長的多年生草本植物，每到春天就會綻放類似船錨外形的嬌美花朵。它的葉片摸起來觸感粗糙，分為三叉枝，末端各有三複葉，所以也叫做「三枝九葉草」。淫羊藿葉片含有具抗氧化作用的淫羊藿苷（icariin）、生物鹼及木蘭花鹼（magnoflorine）等多種類黃酮，被視為具有強精補體的功效。以淫羊藿製成的「仙靈脾酒」據說自中國古代起，就被來當成是益精壯陽的藥酒。

滋補強身

Data

學　名	Epimedium grandiflorum
中文別名	仙靈脾、羊藿葉
日 文 名	イカリソウ（錨草、碇草）
日文別名	サンシクヨウソウ（三枝九葉草）
科名屬名	小檗科淫羊藿屬
原 產 地	日本
作　用	強精補體
適用症狀	不孕、風濕、運動麻痺、肌肉痙攣
副 作 用	食用過量可能會引發頭暈、嘔吐、口渴或流鼻血等副作用

和牛膝

Japanese Chaff Flower / Himeukogi

根 莖 葉

由於用來入藥的莖節粗大狀似牛的膝蓋，故以此命名

路邊常見藥材，可治療腳痛及腰痛

和牛膝是在日本空地或路邊、山野間隨處自然生長的多年生草本植物，每到八、九月就會長出花穗，綻放不起眼的小花，結成果實。橄欖球外形的小果實因為帶有棘刺，可附著在動物毛髮或人類衣物上被傳播至各處。牛膝的根經過乾燥處理便是名為「牛膝」的藥材，可以用來治療月經不順、膀胱發炎、膝蓋或腰部疼痛。

此外，更準確地說，生長於陽光下的牛膝在日本被稱為「日向豬子槌Achyranthes fauriei」，而在日蔭下生長的則叫做「日蔭豬子槌Achyranthes japonica」。

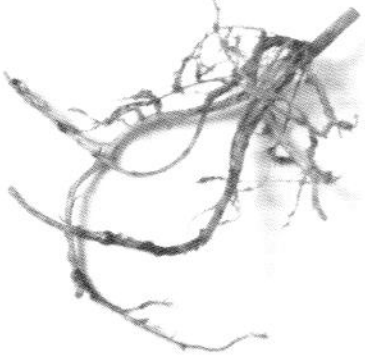

利尿

鎮痛

Data

- **學　　名**：Achyranthes japonica
  Achyranthes fauriei
- **日 文 名**：イノコズチ（豬子槌）
- **日文別名**：フシダカ
- **科名屬名**：莧科牛膝屬
- **原 產 地**：中國、日本
- **作　　用**：通經、利尿、鎮痛
- **適用症狀**：生理期不順、膀胱炎、腰痛、膝痛、蟲咬
- **副 作 用**：目前尚未發現

刺五加（異株五加）

根 莖

不具香氣，且略帶苦味

嫩芽可入菜，根部的皮具強身補體之效

五加是低矮的灌木，在日本山形縣米澤市被種植做為圍籬使用。因為「有棘刺能防犯宵小，非常時期還可食用」，所以江戶中期的米澤藩藩主上杉鷹山公極力推薦大家栽種。微苦的嫩芽和新葉可以當成野菜做成涼拌或是炸天婦羅，也可加入米飯中一起炊煮食用。經過乾燥處理的根部被用來當成藥材，也就是「五加皮」，對於體寒、失眠、更年期不適等症狀都有療效。

滋補強身

利尿

鎮痛

Data

- **學　　名**：Acanthopanax sieboldianus
- **日 文 名**：ヒメウコギ（姬五加、姬五加木）
- **日文別名**：ウコギ
- **科名屬名**：五加科五加屬
- **原 產 地**：中國
- **作　　用**：強身補體、利尿、去濕、鎮痛
- **適用症狀**：風濕、神經痛、水腫、體寒、失眠、更年期不適
- **副 作 用**：高血壓者應酌量使用

車前草

Plantain

路旁的車前草因為被人車踩輾，所以往往長不高，若是自己栽種的可以培育到將近30cm長喔！

花 葉 莖 根 種

不具特別的香氣或味道，泡成茶飲好喝順口

含有保護黏膜的成分，可緩解喉嚨不適

莖、葉強韌的車前草就算被人們踩到也絲毫無損，是一種生命力很強大的野草，此外，它的花莖延展力很好，常被孩童當成玩具。

從春天到秋天這段時間，車前草會開出穗狀的小花，花期過後留下的種子一旦泡水就會膨脹成凝膠狀，附著在鞋底或車輪上，順勢被傳播出去，四處擴散，生長在道路兩旁的車前草就是這麼來的。

車前草整株都含有的黏液，具有保護黏膜的功效，經常用於治療咳嗽或喉嚨不適。此外也有利尿和助排便的作用，對水腫、高血壓及改善腸道環境也很具療效。

基礎保健　車前草軟膏

將乾燥處理後的車前草整株用油浸泡，並在浸泡過的油裡加入蜜蠟，即可製成軟膏，能用來治療蟲咬、小傷口或皮膚小毛病。

常見品種　歸化植物「長葉車前草」

近來在公園或空地比較常見的是類似的品種，名為「長葉車前草」。它的葉子比較細長，開的花也比車前草更嬌美，在歐洲常被做為藥草使用。

利尿　止瀉　化痰　止咳

Data

- **學　　名**：Plantago asiatica
- **日 文 名**：オオバコ（大葉子）
- **日文別名**：オンバコ、ガエルッパ
- **科名屬名**：車前草科車前草屬
- **原 產 地**：中國、韓國、日本
- **作　　用**：利尿、止瀉、化痰、止咳、消炎
- **適用症狀**：水腫、腹瀉、咳嗽、有痰、流鼻血、腫瘤
- **副 作 用**：目前尚未發現，但懷孕婦女應酌量使用

決明

保健茶飲經典，對便祕和高血壓具有療效

種
擁有像豆子一樣的香氣，泡茶好喝沒有怪味

眾所周知的決明子是豆科一年生植物，特徵是有著翠綠色的圓型葉子，以及呈蝴蝶外型的鮮黃色花朵。花期過後會結出細長的豆莢，人們會取裡面的菱形種子煎煮成茶湯飲用。因決明子含有的大黃素（emodin）等成分具有輕微助瀉作用，可改善便祕。也因為芳香味美，所以草本茶配方通常都少不了它。

利尿
促進排便

Data

學名	Senna obtusifolia，Cassia obtusifolia
日文名	エビスグサ（夷草）
日文別名	ロッカクソウ
科名屬名	豆科決明屬
原產地	中國、朝鮮半島、東南亞、日本
作用	降血壓、整腸、利尿、助排便
適用症狀	高血壓、便祕、宿醉、眼睛充血、視力減退
副作用	軟便、拉肚子或低血壓時，請酌量使用

金錢薄荷

可治兒童因食慾減退導致營養缺乏現象

因為有著旺盛生命力，連圍牆都抵擋不住，所以金錢薄荷在日本被叫做垣通し（過牆草）。另還有一個名字叫做「疳取り草（消疳草）」，據說自古以來人們就會用它來煎煮茶湯給孩童飲用，以治療疳積羸瘦、體質虛弱的症狀。當春天綻放出唇型花科植物特有、狀如唇型的美麗花朵時，它的莖幹與葉片最為飽滿，這時採收最好。金錢薄荷聞起來帶有薄荷草般的爽冽香氣，中藥稱為「連錢草」，被用來治療腎臟病或糖尿病症狀。

花 葉 莖 根
有類似艾草及薄荷的清新香氣

利尿
消炎

Data

學名	Glechoma hederacea
中文別名	連錢草、金錢草、地錢草
日文名	カキドオシ（垣通し）
日文別名	カントリソウ（疳取草）、レンセンソウ（連錢草）、グラウンドアイビー、グレコマ
科名屬名	唇形花科金錢薄荷屬
原產地	歐洲、東亞
作用	促進膽汁分泌、利尿、降血糖、抗發炎
適用症狀	尿道發炎、尿道結石、糖尿病、發熱、兒童疳積、濕疹等皮膚炎
副作用	目前尚未發現

Crowdipper/ Japanese Snake Gourd

半夏

花朵外型獨一無二，治療嘔吐常用藥

半夏的花朵是綠色，外型呈手捲般的錐狀；葉片的中間和莖部等處結有小珠芽（珠芽並非種子，但卻是可繁殖的器官），半夏就藉由這些珠芽繁殖增生。因繁殖力強，不論怎麼除都除不盡，所以也有「百姓泣」的別名，此外，以前日本的農夫們會採集它的球莖和珠芽販賣，賺些零花錢，所以也被稱為「へそくり（私房錢）」。球莖去皮曬乾後，即是中藥的「半夏」，具有鎮咳、止吐、化痰的功效。

止咳　化痰

Data

學　　名：Pinellia ternata
日 文 名：カラスビシャク（烏柄杓）
日文別名：ヘソクリ
科名屬名：天南星科半夏屬
原 產 地：中國、韓國、日本
作　　用：止吐、促進唾液分泌、止咳、化痰、鎮靜、抗發炎、抗過敏
適用症狀：嘔吐、孕吐、健胃
副 作 用：食用未加工的半夏球莖會造成舌頭或喉嚨的刺痛，請留意

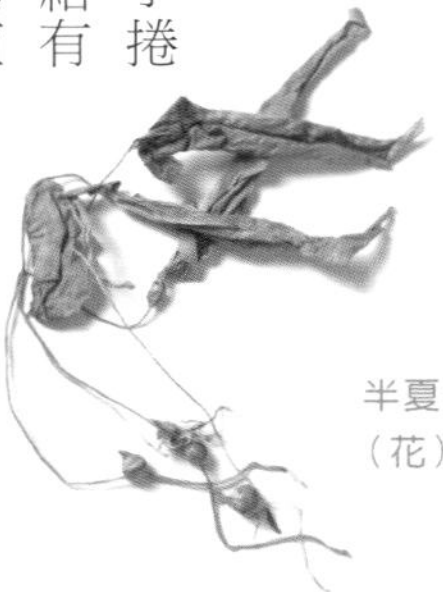

球

半夏獨特的佛焰苞（花），在我們生活周遭隨處可見

栝蔞

將根磨成粉就成了天花粉的原料

與山林或空地等處的樹木一同生長，每到秋天就結出黃色果實的植物，便是栝樓。雖然與果實橘紅的王瓜相比並不顯眼，但自栝蔞根部取得的澱粉經過乾燥，就是人稱「不知汗為何物」的「天花粉」。用栝蔞根部煎煮而成的茶湯被用以解熱、利尿、催乳。日本又稱之為烏瓜，原因眾說紛紜，但根據植物學專家牧野富太郎博士的說法，則認為它是「連烏鴉都不吃（難吃）的瓜」而得此命名。

利尿　止瀉

Data

學　　名：Trichosanthes kirilowii
中文別名：瓜蔞、藥瓜
日 文 名：キカラスウリ（黃烏瓜）
日文別名：ムベウリ
科名屬名：葫蘆科栝蔞屬
原 產 地：中國、韓國、日本
作　　用：解熱、利尿、催乳、止瀉（根部）
適用症狀：消炎、止咳、化痰（種子）、虛證（慢性疾病的虛弱）的口渴症狀，發熱、水腫、腹瀉（根部）、呼吸道疾病、乾咳或上痰、口渴（種子）
副 作 用：目前尚未發現

根　種

一般多使用其粗壯的根部

葛藤

Kudzu

根 花
沒有臭味，
略帶甜香

用葛藤花（葛花）沖泡的茶飲能解宿醉

緩解感冒初期症狀

披覆在河岸斜坡或林地，佈滿四處的粗壯藤蔓即是葛藤，它是秋季七草之一，自古以來不僅是食材，也被用來入藥，或是做為布料（葛布）的纖維。此外，它也是詩歌、繪畫等各類文化的描述題材。

葛根含有多種異黃酮，與女性荷爾蒙的作用相似，預防骨質疏鬆症及抑制乳癌的效果令人期待。此外，降血糖、鎮痛、抗痙攣和解熱功效也是眾所周知，在中藥裡名為「葛根」，是感冒藥的配方之一。

「葛粉」是將秋天挖取的葛根去皮、碾碎製作而成的產品，加入水和砂糖用文火加熱煮成葛湯，建議可在感冒初期飲用舒緩不適。

如何辨識純正的葛粉？

百分之百由葛藤製成的葛粉才是純葛粉。由於純葛粉的產量少、價錢貴，所以一般市面上販賣的都是混合了馬鈴薯粉、甘薯粉或是玉米粉等澱粉的葛粉。若是真正的葛粉，會略帶點苦味。

葛根花草茶 DIY

在鍋裡放入葛粉、砂糖及喜愛的花草，以小火慢煮並充分混合均勻，直至變得黏稠即成。若是感冒初期，建議可加入接骨木花或德國洋甘菊；也可加點砂糖或蜂蜜增添些許甜味。

Data

學　　名：Pueraria lobata
中文別名：山葛、野葛
日 文 名：クズ（葛）、ウラミグサ（裏見草）、クズカツラ
日文別名：カンネ、カンネカズラ
科名屬名：豆科葛屬
原 產 地：日本、中國
作　　用：促進血液循環、發汗、解熱、解毒、鎮痛
適用症狀：感冒、肩頸僵硬、腹瀉、頭痛、更年期不適症狀
副 作 用：目前尚未發現

促進血循

鎮痛

桑樹

Mulberry

未經烘焙過的葉片沖泡後帶有綠茶風味，經烘焙者則是有如日本番茶

預防糖尿病、肥胖等 現代文明病

桑樹的葉子可供吐出美麗絹絲的蠶寶寶食用，是山野間經常可見的喬木，夏季時結成的酸甜果實是漫步山間時的美味零嘴。

桑葉中含有名為「桑葉生物鹼」（DNJ）的成分，具有抑制醣類吸收和抑制血糖上升的功效，在進食前或是佐餐一起飲用桑葉茶也有減肥的效果。至於受到抑制、沒有被人體吸收的養分，到了大腸後就會變成腸道細菌的食物，因此也能改善腸道環境、預防生活習慣病。此外，經研究證實，桑葉也含有利於美白的「桑黃酮」（kuwanon）喔！

烘焙過的桑葉

完整的桑葉

桑樹果實

在市面上被當做草本茶販售者是新鮮的綠色桑葉，另外草藥店也可買到經烘焙過的桑葉茶。桑樹的果實長度約1.5cm左右。

基礎保健

美容面膜DIY

試試將桑葉含有的美肌成分，透過優格面膜吸收吧！只要將等量的粉末和優格慢慢調勻後，即可塗抹在肌膚上，靜待約10分鐘再用水清洗乾淨。使用前最好先用篩子等工具將優格的水分濾掉，如果感覺過稀可加入適量麵粉稍作調整。

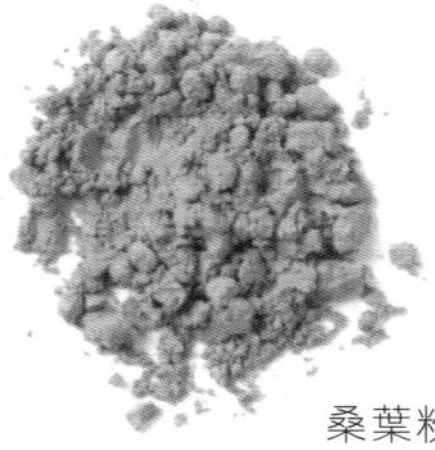

桑葉粉末

Data

- 學　名：Morus alba
- 日文名：マグワ（真桑）
- 日文別名：マルベリー
- 科名屬名：桑科桑屬
- 原產地：中國、朝鮮半島
- 作　用：透過抑制葡萄糖甘酶（α-glucosidase）的作用可調整血糖值
- 適用症狀：預防糖尿病、肥胖等生活習慣病
- 副作用：少數會出現腹脹的情況

老鸛草

Cranesbill

民間常見草藥，可立即止瀉

老鸛草是日本各地隨處可見的野草，開出的可愛花朵外型樣似梅花，是多年生的草本植物。在日本有「医者いらず（不需要醫生）」及「たちまち草（立刻見效的草藥）」的別名，因為只要煎成湯藥喝下就能立刻止瀉，在日本也被稱為「現の証拠（當場證明）」（亦或「験の証拠」）。因為內含具收斂作用的單寧酸，所以有止瀉功效。此外，名為山柰酚（kaempferol）的成分可以健胃整腸，除腹瀉之外，對便祕同樣也有療效。老鸛草的花朵有白色和紫紅色兩種，前者多出現在日本東部，而後者常見於日本西部。

莖 葉

其澀味可改善胃腸不適症狀

採摘時務必確認花朵外觀

老鸛草的葉子和有劇毒的烏頭十分相似，務必要在開花時節（每年七到八月間），且確認過花朵外觀後再行摘取。

在夏季老鸛草開花的時節可大量採集，經乾燥處理後即可留著備用。

紫紅色花朵

相似程度極高的「亞美利加風露」

原產於北美的外來植物，是日本路邊或空地上經常可見的野草。和老鸛草相比，它的特徵是葉子邊緣鋸齒較細、缺口較深。

消炎

抗菌

收斂

白色花朵

Data

學名	Geranium thunbergii。
中文別名	老鶴草
日文名	ゲンノショウコ（現の証拠）
日文別名	ミコシグサ（御輿草）、ネコノアシグサ（猫の足草）、イシャイラズ（医者いらず）
科名屬名	牻牛兒苗科老鸛草屬
原產地	日本、朝鮮半島、臺灣
作用	整腸、抗發炎、抗菌、收斂
適用症狀	下痢、便祕、濕疹、皮膚疹、扁桃腺炎、刀傷消毒
副作用	目前尚未發現

馬尾草

Horsetail

葉 莖

泡成花草茶好喝沒有怪味，帶有青草香氣

富含矽成分，有助骨骼發育

木賊的孢子囊穗後方所延伸的莖，就是俗稱的馬尾草，其特徵是觸感粗糙。雖然田間或空地上隨處可見，但也因為繁殖力過於旺盛，所以不少人認為它是個麻煩。

馬尾草富含植物中十分珍貴的矽。而矽和體內骨骼、軟骨的發育密不可分，此外，還可強化膠原蛋白和彈力蛋白等結締組織。因此，除了有美甲、美髮的功效外，也能改善骨質疏鬆症。再者，因鉀有利尿作用，所以對改善水腫或高血壓也有效果。雖然用來泡茶味道不錯，但由於利尿效果較強，有腎臟疾病者不可飲用。

可將原本呈現針狀的茶葉研磨成粉末後，留著備用。

基礎保健

粉末、酊劑用途多

沒有怪味的馬尾草也很適合和其他食材搭配喔！不妨多攝取馬尾草粉末，例如用來代替香鬆等拌飯佐料灑在米飯上，或是加在優格、冰淇淋裡一起食用。若是泡製成酊劑，不但可以加進其他飲品中，也可混合植物油做成護甲按摩油，達到美甲效果。

認識木賊與馬尾草

木賊與馬尾草都是同一株植物，差別只在於部位的不同，馬尾草是所謂「營養莖」的莖和葉，為進行光合作用的部位；而木賊指的是負責繁殖、被稱為「孢子囊穗」的部位，一旦孢子飛散就會隨之枯萎。

Data

學　名	Equisetum arvense
中文別名	問荊、木賊
日文名	スギナ（杉菜）
日文別名	ツクシ（土筆）、ツギマツ（接松）、モンケイ（問荊）、ホーステイル
科名屬名	木賊科木賊屬
原產地	西地中海沿岸
作　用	利尿、補充矽素、收斂、抗發炎
適用症狀	泌尿器官感染、外傷引起的腫脹及持續性的浮腫（內服）、不易治癒的外傷（外用）
副作用	目前尚未發現，不過心臟或腎臟功能失調的人禁用

利尿

收斂

消炎

日本當藥

號稱天下第一苦，但苦味具健胃效果

當藥與魚腥草、竺葵，都是在日本民間被廣為使用的藥草。星形的可愛白花有著令人意想不到的苦味，因為「就算在熱水裡攪動上千次讓成分都釋放出來，苦味依然無法去除」，所以在日本又名為「センブリ（千振）」。然而，其苦味可以促進胃液分泌，能有效改善消化不良和食慾不振等症狀。它在藥材裡的名字是「當藥」，即「果然是藥」的意思。近年來當藥的萃取成分還被應用在生髮劑上，一時間蔚為話題。

花 葉 莖 根

只有一個「苦」字可堪形容，是懲罰遊戲經常出現的材料

健胃

Data

- **學　　名**：Swertia japonica
- **日 文 名**：センブリ（千振）
- **日文別名**：イシャダオシ、トウヤク（當藥）
- **科名屬名**：龍膽科當藥屬
- **原 產 地**：日本
- **作　　用**：健胃、整腸、幫助微血管擴張、活化肌膚細胞、促進毛髮生長、降血糖
- **適用症狀**：胃功能不佳、食慾不振、消化不良、腹瀉、掉髮、毛髮稀疏、黑斑
- **副 作 用**：目前尚未發現

鴨跖草

美麗的藍色可作為天然染料

鮮豔的藍色花朵僅僅半日便會枯萎，短暫的生命就如同朝露一般，所以也被稱為「露草」，通常在梅雨季節裡開花。孩童們會用鴨跖草的花瓣當成顏料進行玩耍，不過據說很早以前，人們就會用其花朵汁夜手作染布。在鴨跖草開花時期將整株割下再經過乾燥，就是名為「鴨跖草」的藥材，用以解熱或治療腹瀉、喉嚨痛及濕疹等症狀。

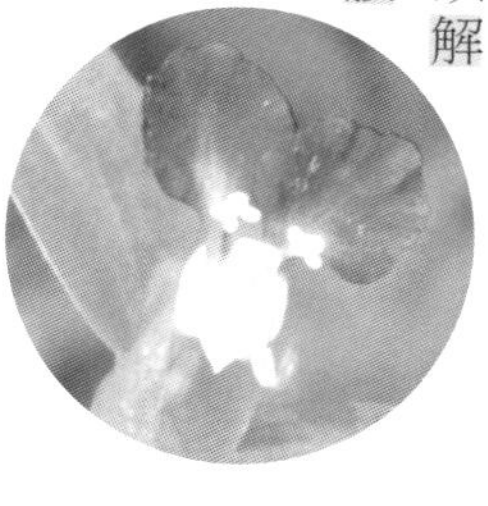

花 葉 莖 根

六枚花瓣裡有兩片大的藍色花瓣，其餘則是較小的白色花瓣

止瀉

消炎

Data

- **學　　名**：Commelina communis
- **中文別名**：竹節草、藍花菜
- **日 文 名**：ツユクサ（露草）
- **日文別名**：ツキクサ（着草）、ホタルグサ
- **科名屬名**：鴨跖草科鴨跖草屬
- **原 產 地**：日本
- **作　　用**：解熱、止瀉、消炎
- **適用症狀**：感冒、發燒、腹瀉、濕疹、皮膚疹、喉嚨痛、扁桃腺發炎
- **副 作 用**：目前尚未發現

蒲公英

Dandelion

飲用蒲公英茶，可治胃腸或肝臟功能失調

根

味道苦澀中略帶甘甜

在乍暖還寒的早春時節，最早綻放的便是蒲公英花朵。日本產有野生的日本蒲公英和西洋蒲公英兩種。

加了蒲公英根部的茶帶有苦味，可用來代替咖啡且不含咖啡因，無論是懷孕中或哺乳中的婦女都很喜愛。這種苦味還可以刺激腸胃達到健胃效果，並能促進膽汁分泌、強化肝臟功能。此外，蒲公英根部所含名為「菊糖」的膳食纖維，具有改善便祕的效果，可以溫和地改善消化不良所造成的便祕。

蒲公英的葉片含有鉀及β-胡蘿蔔素，在歐美地區也被用來做成蔬菜沙拉直接生吃。但如果是自己採摘，請務必慎選生長的環境，務必採摘沒受到污染的蒲公英。

可沖泡濃一點，再加入牛奶做成有如咖啡牛奶般，也很美味。

蒲公英咖啡 DIY

製作上和茶、咖啡並無多大分別，嚴格來說大概就是烘焙程度有所差異。將根部仔細清洗、切成小塊，放在太陽下曝曬或用低溫烤箱烘乾，待徹底乾燥後再放進炒鍋焙煎，磨成細粉再放入濾紙裡，慢慢注入熱水滴漏出茶湯即成。

Data

學名	Taraxacum officinale
日文名	セイヨウタンポポ（西洋蒲公英）
日文別名	ショクヨウタンポポ、クロックフラワー
科名屬名	菊科蒲公英屬
原產地	北半球溫暖地區
作用	強肝、利膽、助排便、利尿、淨化血液、催乳
適用症狀	肝膽功能失調、便祕、消化不良、風濕
副作用	有可能（因苦味成分）造成胃酸過多的不適症狀。此外，膽道閉鎖、膽囊炎及腸阻塞患者避免使用

利膽・強肝

促進排便

利尿

消炎 抗菌 止咳

南天竹

Heavenly Bamboo

造景常見樹木，具有抗菌功效

自古人們便將南天竹視為開運解厄的植物，習慣將它種植在入門玄關等處。在赤飯（以糯米、紅豆蒸煮的日本傳統餐食）上用南天竹的葉子裝飾，或以南天竹為材料製成筷子，則是認為南天竹具有消毒的作用。而南天竹的果實也被用來製作喉糖，具有鎮咳效果；此外，乾燥後的葉片加水煎煮也可治療扁桃腺發炎、濕疹及皮膚疹等症狀。

果 葉

也會結出白色的果實，不論白色或紅色果實皆可入藥

Data

學　　名	Nandina domestica
日 文 名	ナンテン（南天）
日文別名	天竹、天燭子
科名屬名	小檗科南天竹屬
原 產 地	日本、中國
作　　用	消炎、止咳（果實）、抗菌（葉片）
適用症狀	咳嗽、哮喘、百日咳（果實）、扁桃腺發炎、濕疹、皮膚疹
副 作 用	過量攝取可能會引發神經麻痺

萱草

Daylily

花蕾乾燥後，可發揮退熱效果

在山林鄉野間或堤岸旁，萱草總是綻放著貌似百合般的鮮豔花朵。與之十分相似的重瓣萱草花朵為八片重瓣花，而萱草的花朵為單瓣，只開一日。所以也叫做「一日美人」。將花朵綻放前的花蕾摘取下來，浸泡在熱水裡幾分鐘再經過乾燥處理，便成了「金針葉」，是中華料理十分常見的食材。

它的花蕾有解熱的功效，且富含維生素與礦物質，營養價值高，最適合在發燒期體力耗損時食用。另外，甘草是名為licorice的豆科植物，與萱草完全不同，千萬別搞混了。

花 根

具有清晰可辨的香氣和甜味

新鮮金針菜

乾燥金針

Data

學　　名	Hemerocallis fulva
中文別名	金針、忘憂草
日 文 名	ノカンゾウ（野萱草）
日文別名	オヒナグサ
科名屬名	萱草（百合）科萱草屬
原 產 地	中國、日本
作　　用	解熱（花蕾）、改善睡眠（根部）
適用症狀	發燒、膀胱炎、失眠
副 作 用	目前尚未發現

魚腥草

Chinese Lizard Tail

帶有如柑橘類的清爽香氣，泡茶飲用很順口

強大的抗菌力 源自其獨有氣味

抗菌　利尿　促進排便

在日照不足之處群聚生長的魚腥草，是包含日本在內等東南亞地區的原生植物。它的莖和葉有獨特的臭味，生命力超強，轉眼間就能長成一片，所以不怎麼受到歡迎。

不過，其名為「癸醯乙醛」（decanoyl acetaldehyde）的臭味來源，具有強大的抗菌力，能排出堆積在體內的老舊物質及有害物質，有助解決痘痘、濕疹、腫塊等肌膚問題及便祕、水腫等症狀。此外，它也含有可以強化血管、抑制血壓上升的類黃酮成分，適合用來預防高血壓與動脈硬化。

在日本，魚腥草也叫做「十藥」，是日本草本茶中常見的種類，近年來在世界其他國家也越來越受到矚目。

在開花期時連同花朵整株採摘，摘取時雖有臭味，但只要經過乾燥程序，就會隱約聞到如花般的香氣。

常見品種

越南品種 vs. 重瓣品種

越南品種的魚腥草（上圖）氣味溫和，也可生食；另也有花瓣多層的重瓣品種（下圖）。

動手做做看

魚腥草茶葉製作 Step by Step

1 採收後需盡早用水清洗乾淨。
2 將水分徹底擦乾，攤在竹篩上，置於通風處晾乾。
3 生長在地面上的葉片和莖部，以及花朵、花蕾等氣味較重的部份，放在蔭涼處風乾；若是較粗大的根部則可放在太陽下直接曬乾。
4 當莖部能夠輕易折斷、葉片變得酥脆乾爽時，即完成乾燥步驟。
5 將乾燥魚腥草和乾燥劑一起放入紙袋中，再裝進空罐裡保存。

★可直接用熱水沖泡飲用，若在飲用前先用水烹煮過則風味更佳。

基礎保健

用花朵製作的酊劑妙用多

在花瓣看到的白色部份是葉片所變成的花苞，真正的花朵是中心呈穗狀聚集的部份，小巧可愛。開花期前後花朵所含的有效成分最多，可以用來泡成酊劑，再以10倍的純水稀釋便成了化妝水；若是治療蚊蟲叮咬或皮膚腫塊，用原液直接塗抹即可；也可以當成軟膏使用；當然也可滴在飲品中內服。

Data

學　名：Houttuynia cordata
中文別名：臭根草
日文名：ドクダミ（毒溜）
日文別名：ジュウヤク（十藥）、ギョセイソウ（魚腥草）、ジゴクソバ（地獄蕎麥）
科名屬名：三白草科蕺菜屬
原產地：東亞
作　用：抗菌、利尿、助排便、解毒
適用症狀：便祕、水腫、痘痘、面皰、高血壓、動脈硬化、慢性鼻炎，以及皮膚腫塊、剃鬚過敏、鞋子磨腳破皮、汗疹、尿布疹等皮膚症狀
副作用：目前尚未發現

生活智慧

新鮮葉片也很好用！

當遇到汗疹、尿布疹或化膿的腫塊時，請善用新鮮魚腥草強大的抗菌效果吧！將魚腥草搗碎後塗抹於藥布敷在患處即可。搗碎葉片所取得的汁液，也可以放進冷凍庫加以保存。

薔薇

Multiflora Rose / Chickweed

未成熟的果實可治療便祕、水腫和皮膚腫塊

薔薇又稱為野薔薇，是日本當地原生的野生植物。因生命力強，所以在園藝裡也被當成玫瑰種苗的嫁接架。直徑2cm左右的單層五瓣花朵一齊綻放時，總是引來許多採蜜的昆蟲紛紛造訪。每到秋天，鮮紅色的果實結實纍纍，但這些果實大多是種子，幾乎沒有果肉。成熟前還帶著綠色的果實，經乾燥處理後稱為「營實」，多用以改善便祕或水腫，也被做為治療痘痘或皮膚腫塊的外用藥。

果

需採收入秋後顏色尚未變紅的果實使用

利尿

Data

學　名	Rosa multiflora
日文名	ノイバラ（野茨）
日文別名	ノバラ（野薔薇）
科名屬名	薔薇科薔薇屬
原產地	中國、朝鮮半島、日本
作　用	助排便、利尿
適用症狀	便祕、水腫、痘痘、皮膚腫塊等肌膚問題
副作用	過量有可能會引發運動障礙或呼吸麻痺，請多加留意

繁縷

可輕易採摘，有助牙齒更強健

繁縷是日本各地十分常見的野草，很受鳥兒們的喜愛。其柔軟沒有怪味的葉片可以做成沙拉、涼拌、醋拌享用；它的花朵很小，仔細看會發現細長花瓣像火花一樣綻開，匀稱美麗。整株割下後經過乾燥處理、製成粉末再與鹽混合而成的「繁縷鹽」自古以來就被當成牙粉使用，人們也用它來預防牙齦出血或牙周病。

葉 莖 花 根

微微甜味，也帶有泥土的芬芳

收斂

消炎

抗菌

Data

學　名	Stellaria neglecta／Stellaria media
中文別名	鵝腸菜
日文名	ハコベ（繁縷）、ヒヨキグサ、ミドリハコベ、コハコベ
日文別名	ノバラ、アサシラゲ
科名屬名	石竹科繁縷屬
原產地	中國、不丹、印度、新幾內亞
作　用	止血、收斂、抗發炎、抗菌
適用症狀	牙齦或割傷等出血症狀、預防牙周病、濕疹、體寒
副作用	目前尚未發現

抗痙攣 鎮痛 健胃 收斂

日本厚朴

Japanese Umbrella Tree/ Hare's Ear Root

皮

花朵氣味芬芳，但樹皮味道苦澀

抗菌力強大，很適合包裹食材烹煮

日本厚朴是山林間常見的落葉喬木，樹高可以長到30公尺，它的木質堅硬，是眾所周知的木屐材料。厚實的樹皮就是名為「厚朴」的藥材，有殺菌效果，被應用在健胃整腸、改善胃炎、腹痛及腹脹等症狀。它是中藥常見的一味藥材，味道苦澀又帶點微香。人們也會用它碩大堅韌的葉子將食材包覆後再烹調，或蒸煮或燒烤，像是日本飛驒地區便有朴葉味噌、朴葉壽司等鄉土料理。

Data

學　　名	Magnolia obovata
日 文 名	ホオノキ（朴木）
日文別名	ホオ、ホオガシワ
科名屬名	木蘭科木蘭屬
原 產 地	中國、日本
作　　用	抗痙攣、鎮痛、健胃、收斂、化痰、利尿
適用症狀	咳嗽、有痰、胃炎、水腫、孕吐
副 作 用	目前尚未發現

鎮痛 消炎

窄竹葉柴胡

根

香氣濃郁，也帶有苦味

解熱、抗發炎效果佳

在日本江戶時代，凡是到靜岡三島過夜的旅客一定會買柴胡這種藥材。三島是柴胡的集散地，因此可買到上等的柴胡，曾幾何時，便開始有了「三島柴胡」這個名稱。過去，柴胡原本是生長在關東以西地區的野生植物，而今它變得越來越罕見，現在市面上流通販售的柴胡幾乎都是人工栽培的產物。

柴胡的根部含有皂苷及固醇（sterol），具有退燒、解毒、鎮痛的效果，可對抗發炎和改善肝臟機能，是許多中藥配方會用到的一味藥材。

雖然為數不多，但市面上也有人把柴胡葉做成茶葉販售。

Data

學　　名	Bupleurum stenophyllum
日 文 名	ミシマサイコ（三島柴胡）
日文別名	サイコ（柴胡）
科名屬名	傘形科柴胡屬
原 產 地	中國、韓國、日本
作　　用	解熱、解毒、鎮痛、消炎
適用症狀	胸脇痛、慢性肝炎、慢性腎炎、代謝障礙
副 作 用	患有間質性肺炎者需酌量使用

小鬼百合

山百合

山百合・鬼百合

Gold-banded lily / Tiger lily

鱗
口感軟糯，略帶苦味

清心安神，潤肺止咳

漫步在山野間，經常會看到野生百合綻放著華麗的花朵，很難相信它們竟是大自然下生長的產物。日本特有的山百合系列花朵碩大，白色花瓣中有著黃色線條和紅色斑點。鬼百合則屬於鹿子百合一類，花朵除了白色，還有橘色、桃紅等，色彩豐富。

秋天挖掘出的百合球根（鱗莖）稱為百合根，自古以來就被用於止咳、退燒、鎮靜及滋補強身。百合根的特徵是含有豐富礦物質，但糖份也多，熱量較高。百合的鱗莖瓣片層層緊抱，有「和合」的意味，被視為是吉祥的兆頭，燉百合根也被用來做為日本年菜。

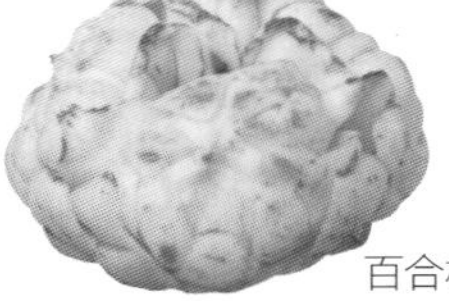
百合根

含有鉀、鎂、磷、鐵等豐富礦物質，使用時需將麟片一枚一枚地小心剝下。

常見品種 日本野生百合

日本有許多野生百合品種，圖為高知縣土佐山的崖百合（屬鹿子百合此一分類）

Data

- **學　名**：Lilium auratum／Lilium lancifolium
- **日文名**：オニユリ（鬼百合）、テンガイユリ（天蓋百合）
- **科名屬名**：百合科百合屬
- **原產地**：日本、中國
- **作　用**：止咳、鎮靜、滋補強身
- **適用症狀**：咳嗽、失眠、精神不寧
- **副作用**：目前尚未發現。不過，極少數可能會出現食慾不振、噁心想吐等症狀

止咳　鎮靜　滋補強身

艾草

Japanese Mugwort

葉 擁有撲鼻的青草香氣

萬能藥草！

日常生活少不了它

艾草是日本各地隨處可見的野草，自古以來即被應用在人們的日常生活中。春天香氣濃郁的艾草嫩葉，常被用於製作草餅或艾草團子；夏季前採收的艾葉經過乾燥處理，不僅可以熬煮飲用，還可以用來泡澡，或是連根一起用燒酎醃漬；若將艾葉背面的白毛收集起來，就是人們使用的「艾絨」。

艾葉裡富含名為葉綠素（chlorophyll）的膳食纖維、維生素、礦物質，還有桉油醇（cineole）及α-蒎烯等多種有效成分。想達到健胃效果或有貧血、體寒等症狀的人，可以沖泡艾葉茶飲用；若想改善腰痛、肩頸僵硬、痔瘡、汗疹或皮膚粗糙者，建議可用艾葉泡澡。

常見品種

種類不同，特色也不一樣

用來收集艾絨的大型艾草，在中藥裡的藥材名稱也叫「艾葉」；至於在沖繩地區被叫做「フーチバー」的艾草，則是「琉球艾草」，味道較苦。

大型艾草

基礎保健

艾草酊劑可以這樣用！

因為具有驅蟲抗菌的效果，所以可用來當成防蟲噴霧劑，在垃圾上噴灑也有助驅趕蒼蠅。如果能和同樣具有防蟲效果的香茅搭配製成噴霧，效果應該也很不錯。

乾燥艾草

艾草粉末

將混合絨毛、質地柔軟的艾葉磨碎，仔細去除絨毛後，就變成滑順的粉末了。

Data

學名	Artemisia princeps
日文名	ヨモギ（蓬）
中文別名	艾蒿
科名屬名	菊科艾屬
原產地	日本
作用	收斂、止血、鎮痛、抗菌、促進血液循環
適用症狀	經血過多和經期不順等婦人病、外傷或鼻血等出血、生理痛、頭痛、腹痛等疼痛、體寒、感冒、痘痘或濕疹等皮膚炎，香港腳
副作用	目前尚未發現。不過，若過量使用可能會引發中毒性痙攣。懷孕中的婦女或患有急性腸炎及盲腸炎的人禁用

收斂

鎮痛

抗菌

促進血循

馬齒莧

Data
學　　名：Portulaca oleracea
中文別名：白豬母乳
日文別名：ニンブトゥカー（沖繩）
科名屬名：馬齒莧科馬齒莧屬
原 產 地：日本、中國、印尼、歐亞大陸

馬齒莧是道路兩旁或田野間常見的多年生肉質草本植物，帶有隱約的酸味，可以生吃。乾燥後的馬齒莧像野菜一樣可以做為醃菜食用，也被應用在利尿、改善水腫及蚊蟲咬傷等方面。

薺菜

Data
學　　名：Capsella bursa-pastoris
日文別名：ベンベングサ、シャミセングサ、ビンボウグサ
科名屬名：十字花科薺屬
原 產 地：日本本土

它的種子狀似日本一種弦樂器「三味線」的撥子（撥弄琴弦的器具），所以有了ベンベン（BANBAN）這個名字。人們自古以來便已有食用薺菜習慣，而薺菜熬煮的湯汁也被應用在利尿、消除水腫及解熱等用途，是春日七草之一。

釣樟

Data
學　　名：Lindera umbellata
科名屬名：樟科釣樟屬
原 產 地：日本

釣樟是關東以西在山間野生的低矮喬木，樹枝多被用來製成牙籤。它是從頭到尾都含有豐富精油成分的芳香樹木，樹根皮可用來治療胃腸發炎、咳嗽，也有化痰功效。

白山竹

Data
學　　名：Sasa veitchii
科名屬名：禾本科赤竹屬
原 產 地：日本

它是栽種在庭院或公園裡的竹類植物，冬天一到，綠色的部份會轉變成白色，看起來就好像是歌舞伎的臉譜一樣。具有殺菌、防腐的作用，不只可做成茶飲，也能用來製作青汁。

紅三葉草

Data
學　　名：Trifolium pratense
日文別名：アカツメクサ、アカクローバー
中文別名：紅花苜蓿
科名屬名：豆科三葉草屬
原 產 地：歐洲

與紅三葉草十分相似的白三葉草，是橫向蔓延生長，而紅三葉草卻是向上生長，兩者很容易辨識。紅三葉草的用途是止咳、化痰及幫助排便。

仙鶴草

Data
學　　名：
Agrimonia pilosa
中文別名：
シシャキグサ、クソボコリ
科名屬名：
薔薇科龍牙草屬
原 產 地：
日本、朝鮮半島、中國

黃色的小花長在像帶子一樣細長的花穗上，一旦長成種子就會附著在衣物上被傳播至各處。人們用它來治療腹瀉或皮膚疹等症狀。花草茶裡的龍牙草是它的近親。

龍膽草

學　名：
Gentianascabra var. buergeri
日文別名：
エヤミグサ、ササリンドウ
科名屬名：
龍膽科龍膽屬
原 產 地：
日本本土

美麗的藍色花朵是秋天的代表，也是很受歡迎的花材。它的根是名為「龍膽」的藥材，有健胃效果；味苦，常被用於改善食慾不振、消化不良、胃酸過多等症狀。

天胡荽

學　名：
Hydrocotyle sibthorpioides
日文別名：
ウズラグサ、カガミグサ
科名屬名：
傘形科天胡荽屬
原 產 地：
日本、東南亞、中國、朝鮮半島、澳洲、東非

它的特徵是繁生成片、覆蓋力強、葉面具有光澤。將天胡荽新鮮葉片用手搓揉出汁後，塗抹在割傷等傷口處，有止血效果，所以也被稱為「止血草」。

夏枯草

學　名：
Prunella vulgaris subsp. asiatica
日文別名：
夏枯草、ナツガレソウ
科名屬名：
唇形花科夏枯草屬
原 產 地：
日本、東南亞

它的花穗上長滿了淡紫色小花，就好像放箭的道具「靫」一樣，所以日文名就叫「靫草」。夏枯草具有利尿和消炎的作用，在西方將它命名為Self-Heal。

柔毛打碗花

學　名：Calystegia pubescens
日文別名：オクリバナ、ツンブウバナ、オクリヅル、カミナリバナ、テンキバナ、チチバナ、カッポウ
科名屬名：旋花科打碗花屬
原 產 地：日本本土

在空地茂密生長的柔毛打碗花是多年蔓草植物，它不靠種子而是靠根部繁衍。在開花時期連同地下莖一起挖掘出來，再經乾燥處理後煮成茶水飲用，有助修復疲勞、改善水腫，用來泡澡也能緩解神經疼痛。

大薊

學　名：Cirsium japonicum
日文別名：マユバキ、マユツクリ、ハナアザミ
科名屬名：菊科薊屬
原 產 地：日本本土

大薊是在路旁常見的多年生草本植物，它的莖和葉上長有銳刺，開花過後會變成絨毛四處飛散；其根部具有利尿、改善水腫、緩解神經痛及止血等功用。

鼠麴草

學　名：Pseudognaphalium affine
日文別名：ホオコグサ、ゴギョウ
科名屬名：菊科鼠麴草屬
原 產 地：日本本土

葉部和莖部都長有白毛，是感覺毛絨絨的多年生草本植物。在早期人們用它製作草餅，而非用艾草。它具有鎮咳、去痰、利尿等功效，是春日七草之一。

★ 在江戶時代後期之前引進日本，之後任其自然生長者，即標記為日本本土物種。

用語說明

此處針對書中經常提及的功效及應用花草時會用到的基劑（材料）詳加說明。

酒精

可以萃取出水溶性和脂溶性兩種成分，依據濃度的不同分為消毒用酒精（濃度76.8～81.2%）、酒精（95.0～95.5%）及無水酒精（99.5%以上）。酒精具有消毒和防腐的作用，也被應用在酊劑或化妝水的製作等。

和緩

緩解自律神經或肌肉的緊張，維持平穩的狀態。

促進機能

在神經或內臟運作遲緩的時候給予刺激，使之活化。

驅避

不讓害蟲靠近，防阻蟲害。

甘油

具保濕作用，不論是在水中或是酒精中都可充分溶解，被應用在化妝水的製作上。

黏土

以矽等礦物質為主要成分的陶土。具有吸收、附著、清淨、收斂等作用，被做為面膜使用。有高嶺土（kaolinite）、蒙脫土（montmorillonite）及火山泥（ghassoul）等種類。

結締組織

例如肌腱、韌帶、真皮、皮下組織等，作用是填補器官與組織間的空隙。

調整血糖

讓血糖值控制在一定的範圍內，減輕胰臟的負擔。

抗真菌

抑制白癬菌或念珠菌等真菌（黴菌的一種）的繁殖。

催乳

促進母體的乳汁分泌。

淨血

是自然療法中專門的用語，意指淨化血液。

植物油

是從植物種子榨取出的油脂，因為可滲透進入皮膚，所以被應用在保養品，或是用來製作浸泡油。一般常見的植物油有夏威夷果仁油、荷荷芭油及甜杏仁油等。

純水

指不含雜質的精製水，應用在化妝水的製作等。

造血

促進紅血球的生成。

傷口復原

幫助修復因外傷而造成的組織損傷。

通經

幫助經血排出，使月經週期規律。

貼膚測試

為了診斷是否為過敏性的接觸性皮膚炎，將特定物質貼在皮膚表面，測試該部位是否出現發炎的症狀。

PMS經前症候群

在經期來臨兩週前左右開始出現的心理與身體上的變化，包含肩頸僵硬、腰痛、長痘、焦慮、情緒低落及注意力欠佳等，症狀多樣複雜。不過，當月經一來，這些症狀就會消失。雖然一般都說是因為女性荷爾蒙所造成，但真正的原因仍然不明。

蜜蠟

是由蜂巢採集的蠟製成，除了可以軟化肌膚，也具有抗菌的效果，被應用在軟膏或乳霜的製作上。融點大約是60~67度。

活化免疫力

透過增強免疫系統而使身體的抵抗力更活躍。

強心

強化心肌的收縮力。

索引

以下依中文筆畫順序排列

家庭保健 天然藥草手帖

超過100種舒緩身心需求的日常保健，潔顏保養、敷劑、保健飲、料理，
照護全家健康生活的實用事典

ココロとカラダに効く ハーブ便利帳

作　　者｜真木文繪
監　　修｜池上文雄
譯　　者｜婁愛蓮
社　　長｜陳純純
總 編 輯｜鄭　潔
副總編輯｜張愛玲
責任編輯｜蘇雅一
特約編輯｜鄭碧君
編輯助理｜舒婉如
封面設計｜陳姿妤
內文排版｜造極彩色印刷製版股份有限公司

整合行銷經理｜陳彥吟

出版發行｜出色文化
電　　話｜02-8914-6405
傳　　真｜02-2910-7127
劃撥帳號｜50197591
劃撥戶名｜好優文化出版有限公司
E-Mail｜good@elitebook.tw
出色文化臉書｜https://www.facebook.com/goodpublish
地　　址｜台灣新北市新店區寶興路45巷6弄5號6樓

法律顧問｜六合法律事務所 李佩昌律師
印　　製｜龍岡數位文化股份有限公司

書　　號｜Good Life 85
I S B N｜978-626-7298-43-5
初版一刷｜2024年2月
定　　價｜新台幣380元

家庭保健天然藥草手帖：超過100種舒緩身心需求的日常保健，潔顏保養、敷劑、保健飲、料理，照護全家健康生活的實用事典
／真木文繪著；婁愛蓮譯. -- 初版. -- 新北市：出色文化, 2024.02
面；　公分
譯自：ココロとカラダに効く ハーブ便利帳
ISBN 978-626-7298-43-5(平裝)
1.CST: 藥用植物

434.192　　112021779

本書為《家庭必備能量藥草手帳》改版

、基礎保健

、養生食療

、芳香美容

、生活妙招

、居家環境清潔

、毛寶貝照護

從生活保健到居家防疫，
用天然藥草照護你的生活起居。

家庭必備的——健康草本生活指南

比起藥品，花草雖然功效較溫和，但副作用少，具自然能量，
加上「多種成分可相輔相乘」、「容易取得」、「容易持續」等特點，
絕對是維持健康與預防疾病的最佳尖兵。

書中蒐羅102種平易近人的花草，詳述其特性、功效與作用，以及使用部位的應用。
將有益健康的花草、食藥兩用的食材，運用在日常飲食、調養、保健、清潔，
用最溫和的藥草，調理、修復日常健康需求，從內而外完善個人保養、居家照護。

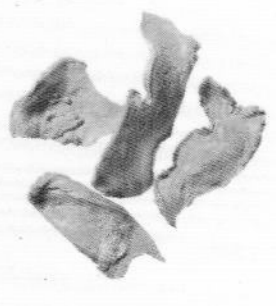

集結上百種西洋香草、東方藥草、餐桌食材的終極運用手冊！

善用不同花草植物特性，延伸出飲食保健的日需品，
像是加入飲食的養生料理，保健飲用的花釀、茶飲、香草醋、養生酒，
芳香保養的芳香SPA、泡澡劑、按摩精油、面膜、化妝水，
內服保健品、外用口腔漱口水、萬能軟膏，驅蟲噴霧等……
真切體驗擷取自花草植物的能量，應用在生活中的妙用智慧。

定價380元 建議分類：醫療保健、自然科普
出色 Good Publish
ISBN 978-626-7298-43-5 NT$380
9 786267 298435 00380
出色文化粉絲專頁